LA CHASSE

AU

COQ DE BRUYÈRE

RÉCIT DE CHASSE DANS LES ARDENNES,
HISTOIRE NATURELLE DE DIVERSES ESPÈCES DE TÉTRAS,
LEURS MŒURS, LES LIEUX QU'ILS HABITENT,
L'ART DE LES CHERCHER,
DE LES TIRER, DE LES ÉLEVER EN VOLIÈRE, ETC., ETC.,

PAR

LÉON DE THIER

LIÉGE
F. RENARD, ÉDITEUR
RUE DES AUGUSTINS

PARIS
E. DENTU, LIBRAIRE

LEIPZIG
F. A. BROCKHAUS, LIBR.

1860

Liege — Imp. de L. de Thier et F. Lovinfosse

PRÉFACE

> L'homme est le roi de la terre. A sa royauté sont attachées certaines attributions qui s'appellent les droits naturels de l'homme. La chasse est le premier de ces droits.
>
> (A. TOUSSENEL.)

Ceci n'a pas la prétention d'être un traité cynégétique : c'est tout simplement un récit de chasse au petit coq de bruyère *(Birkehahn)* écrit entre deux coups de fusil. On y trouvera quelques renseignements qui pourront être utiles aux nombreux disciples de saint Hubert. A ce titre seul, ce petit volume ose se présenter au public. Il est l'œuvre d'un chasseur qui a fouillé dans plus d'une vieille gibecière pour en extraire les fruits d'une expérience qu'il n'a pu encore acquérir. La chasse au coq de bruyère est une des plus attrayantes parmi les chasses exceptionnelles, et cependant une des moins connues de nos confrères. L'auteur a cru pouvoir en donner un modeste aperçu sous une forme qui ne plaira peut-être pas aux lecteurs, mais qui lui a paru la plus propre à faire ressortir les charmes de cette chasse. Il a mis tous ses soins à décrire le plus fidèlement possible l'histoire naturelle de ce coq de bruyère que les ornithologistes ont surnommé *petit tétras à queue fourchue*, ses mœurs, ses habitudes, ses ruses, les lieux qu'il habite, et l'art de le chasser, de le tirer et même de le rôtir. Les chasseurs et les cuisinières qui se conformeront à ses préceptes n'auront pas à s'en repentir. L'auteur résout aussi affirmativement la question de savoir si l'on peut élever en volière le petit coq de bruyère. De nombreux exemples dont il a été témoin lui ont démontré que ce magnifique oiseau, le sultan des montagnes et des bois, comme l'aigle est le roi des airs,

s'habitue aussi aisément que le faisan à la privation de la liberté. Avis aux amateurs qui ne comptent pas encore le tétras parmi les citoyens ailés de leurs volières.

Cela dit, l'auteur ne croit pas devoir s'aventurer dans de longues digressions sur la chasse. Les maîtres de l'art, les Blaze, les Toussenel, les Léon Bertrand, les d'Houdetot, toutes ces plumes savantes dont la France cynégétique et littéraire s'honore et que pas un chasseur de la Belgique n'admire, ont dévoilé avec trop de talent tous les mystères de la science de la chasse pour qu'un indigne élève ose les suivre sur ce terrain autrement qu'avec timidité. Leurs livres sont les tables de la loi devant lesquelles tout chasseur, de quelque pays qu'il soit, doit s'incliner avec respect.

Aussi celui qui a écrit ce petit opuscule, *la Chasse au Coq de bruyère*, n'a-t-il jamais eu la folle pensée de vouloir ajouter un précepte de plus à ces tables sacrées. Il n'a cherché qu'à éveiller l'attention des maîtres sur la chasse spéciale de ce royal gibier qui vit et pullule encore aujourd'hui dans les pittoresques et sauvages Ardennes belges, le pays aimé de saint Hubert, la terre où reposent honorées les cendres de ce vénéré patron des chasseurs du monde entier.

CHAPITRE I

La chasse et le chasseur en 1860. — Pointer et Setter. — **Le chien du pays.** — **Émigration du gibier.** — **L'arquebuserie moderne.** — **Les tireurs d'aujourd'hui.** — **Influence du fusil à système sur la chasse.** — **Une promesse agréable.**

Qui ne chasse un peu, aujourd'hui que tout le monde a des terres ou plutôt que personne n'en a plus?

Nobles et parvenus, gens de robe et d'épée, de plume et de balance, tous ceux enfin qui possèdent 32 francs, une moralité non étiolée et une permission de chasse sur cent hectares, peuvent se livrer à ce poétique et salutaire exercice dans notre beau pays de Belgique. En France et dans bien d'autres pays, c'est encore plus facile. Je ne dis pas : chassent, parce qu'il n'est plus donné à notre vulgaire époque de mercantilisme ou d'agitations politiques de comprendre la science cynégétique, qui en vaut bien une autre.

On prend un fusil, on a un chien, on sort d'une arrière-boutique, on entre dans je ne sais quel mauvais pré où jamais gibier de plume ou de poil ne s'est fourvoyé, et on se croit chasseur.

Chasseur! l'homme qui a passé la moitié de sa vie entre un baril de cassonade et un paquet de chandelles ; chasseur! ce bureaucrate en lunettes qui aligne des chiffres depuis vingt ans dans un fauteuil de velours vert ; chasseur! ce muscadin en bottes vernies, petite-maîtresse qui craint le soleil et que le vent effarouche ; chasseurs! nous tous qui courons les champs au hasard deux mois l'année, avec un fusil vierge, une carnassière neuve et des guêtres immaculées!

Allons donc! cela ressemble autant à un chasseur qu'un suisse d'église ressemble à un grognard de la grande armée.

Il faut se l'avouer à la honte de notre siècle, qui se prétend le roi des siècles, le siècle complet, il n'y a plus de chasseurs, ou du moins il n'y en a plus guère. S'il en reste quelques-uns, ils ont fui loin des villes fumeuses et industrielles, vers des contrées encore sauvages, où le génie de la spéculation n'a pas jeté de chemins de fer ou élevé les grandiose palais de l'industrie.

Là, au milieu des dernières bruyères et des dernières forêts, ils attendent leur dernière heure pour mourir avec le dernier des chevreuils, peut-être avec le dernier des lièvres. Vieux débris de l'antique vénerie, ils restent encore debout parmi la génération moderne, qui n'a pas assez d'esprit pour les comprendre, et est trop efféminée pour les imiter.

Salut à eux, à leurs carniers vénérables, à leurs vieux chiens, parties d'eux-mêmes, qui disparaîtront bientôt en ne nous laissant qu'une race abâtardie et rebelle bien digne de nos exploits!

Car on peut aussi se faire cette question : Y a-t-il encore des chiens?

Ces *pointer*, ces *setter* qu'on vante tant, qu'on paie le prix d'un cheval et qu'on promène en ville, ont bien plus remplacé le carlin que le chien de chasse. Damoiseaux de chenil, ils ont peur de se mouiller les pattes, de se piquer le museau; le soleil les abat, ils grelottent au vent. Il faut à ces importations anglaises de fertiles et plates campagnes pour théâtre de leurs manœuvres, et encore doit-on, comme à des soldats du Pape, octroyer à ces chiens un jour de repos après un jour de chasse.

Loin de moi de vouloir contester aux *pointer* et aux *setter* la palme de la rapidité, un nez excellent, une allure aristocratique et la fermeté de l'arrêt.

A tout seigneur, tout honneur. Mais notre vieux chien du pays, ce rustique chasseur à poil rude et à barbe sale, qui n'a de beau que son intelligence, est-il moins bien doué qu'eux? N'a-t-il pas en plus la prudence, des nerfs infatigables, un arrêt sans défaut, un rapport délicat et une fidélité proverbiale? Les roches les plus arides, les buissons les plus épineux, une chaleur étouffante, des torrents de pluie, ne ralentissent pas son ardeur et n'épouvantent jamais son cœur. Viens, vieil ami, cher compatriote, que je caresse ta solide échine, toute couverte de poils hérissés !

En écrivant ces lignes, je ne lave pas assez l'ingratitude des chasseurs qui ont préféré à tes solides qualités le chien éthique de race anglaise. Ils reviendront à des sentiments plus dignes d'eux et de toi, lorsque la perdrix, chassée des champs civilisés par les périls sans nombre qu'elle y court, aura pris son vol vers les paisibles bruyères des Ardennes, vers les landes incultes de tous les pays.

En Belgique, l'Ardenne sera un jour le dernier refuge du gibier aux abois. Partout les forêts s'effacent, et où s'élevait la haute et vigoureuse futaie poussent aujourd'hui le blé et le fourrage. La fumée des usines, le bruit des vapeurs en révolution et l'innombrable levée des tireurs de la ville suffiront pour exiler en des contrées plus hospitalières le lièvre craintif et nos couveuses perdrix.

Ces émigrations se sont vues à toutes les époques. Saint Hubert a couru le cerf là où vous ne trouveriez plus aujourd'hui un lapin. Nos aïeux ont tiré le chevreuil où se dressent maintenant des machines à forger le fer et à couler le zinc.

A mesure que la civilisation avance, le règne animal recule et disparaît. Ce qu'il en reste suffit à peine aux besoins des riches et aux plaisirs de quelques chasseurs.

Et encore n'est-ce pas un crime de vomir le plomb au nez ou au bec de ce gibier de basse-cour qu'on rencontre dans nos plaines? Habitué à voir les paysans cultiver les terres, s'approcher de lui, il perd toute crainte, et partant toute idée de conservation.

Ce n'est plus une guerre loyale, dans laquelle les chances se balancent et où le chasseur doit ruser au mieux avec l'animal qu'il poursuit. C'est un tir à but, sur une cible mouvante, que l'homme exécute froidement et sans émotion. Il sait que le gibier est là, en quel nombre, quelle en est la race. Son chien l'avertit. Il fume paisiblement, ce veneur impassible ; il avance sans se presser, l'arme sous le bras. Il tousse, il éternue comme s'il était dans son salon entre un chat domestique et un serin familier. Qu'aurait-il à redouter? Le lièvre, si c'en est un, la perdrix, si c'en est une, les jeunes perdreaux même, n'entendent-ils pas tous les jours le pas de l'homme des champs et l'éclat de sa voix ? Plus rien ne les effraie, et la mort est près d'eux.

Voilà la chasse à peu près comme elle se pratique en 1860. Plus de danger, plus de fatigue, pas d'habileté, aussi, absence de poésie. Je ne dénie point une excessive adresse aux tireurs de nos jours, loin de là. Elle fait leur gloire, mais leur science ne va pas au-delà du mécanisme de l'arme.

Pour la plupart, ils sont maîtres en fait de coups doubles. Que gibier croise ou file devant eux, gibier a donné son dernier coup d'ailes ou de pattes. Est-ce là la chasse comme nous l'ont enseignée nos pères, ces veneurs qui en goûtaient une à une toutes les jouissances et ne s'en trouvaient jamais rassasiés?

Mais nos aïeux n'avaient pas ces armes merveilleuses dont nous a dotés le génie de l'arquebuserie moderne, fusils enchantés qui n'ont pas besoin de la balle de Robin des Bois pour porter la mort sans dévier. A eux revient aussi l'honneur de cette fameuse adresse dont se parent si orgueilleusement les chasseurs d'aujourd'hui. S'ils sont tous des Guillaume Tell, c'est un peu la faute des habiles ouvriers qui font de la fabrication des armes en Belgique une des branches d'industrie les plus renommées du monde.

Curieuse histoire que celle du fusil et de ses transformations, de son influence sur la guerre et sur la chasse. Il faudrait des volumes pour révéler aux lecteurs les métamorphoses de l'arme, depuis l'arquebuse à rouet jusqu'au fusil actuel, et leur faire l'histoire de la lutte incessante de l'intelligence humaine pour dompter la poudre et trouver son utile application.

Le génie de l'homme a-t-il dit sur ce point son dernier mot? Ce n'est pas probable, quoiqu'on soit parvenu à une rapidité de charge, à une simplicité de mécanisme et à une solidité telles que l'arme de chasse touche presqu'à la perfection. Le fusil à culasse mobile est un jalon planté sur la route du progrès; s'il n'a pas encore entièrement détrôné son prédécesseur, c'est qu'il doit subir certaines modifications que les Montigny, les Bernimolin, les Lefaucheux, les Lejeune-Chaumont ne tarderont pas à trouver.

Mais ce n'est pas en chasseur que nous lui devons ce tribut d'éloges.

Ces perfectionnements de l'arme ont été plus funestes qu'utiles à l'art cynégétique. Le fusil moderne a fait des tireurs, rien de plus. Il a poussé le chasseur dans l'étroit chemin de l'habileté physique, et, grâce à lui, la chasse au chien d'arrêt est devenue un tir aux perdreaux comme on a des tirs aux pigeons.

Les chevaux anglais et les chiens anglais ont eu la même influence sur la chasse à courre. C'est une course au clocher, ce n'est plus une chasse. On est devenu lévrier parce qu'on ne pouvait plus être chasseur, et s'il est encore quelqu'un qui jouisse au bois de toutes les ruses de la bête, du charme moral de la chasse, ce n'est certes pas l'homme, c'est le chien.

Pardonnez-moi cette digression désolante à propos d'une chasse aux coqs de bruyère; mais j'ai voulu, en vous dépeignant la chasse telle qu'elle est aujourd'hui, vous mettre en garde contre les illusions exagérées dont on entoure encore ce noble passe-temps des oisifs et des heureux du jour. Si mon récit de chasse est pauvre, je tâcherai du moins d'y suppléer en vous enseignant l'art de tuer un coq de bruyère, en vous conduisant dans cette Ardenne, si pittoresque et si sauvage, qui commence à nos portes et qui est pour nous tous presque un désert inconnu. Aurez-vous le courage ou la curiosité de me suivre?

CHAPITRE II

Le tétras. — Ses différentes espèces. — Cuvier et Buffon. — Les ornithologes anciens et modernes. — Leurs erreurs. — Le tetrao tetrix, coq de bruyère à queue fourchue. — Le mâle, la femelle, les poussins. — Leur plumage, leurs mœurs, leur nourriture pendant les diverses saisons. — Un vilain coup double. — Une bonne leçon.

Avant de commencer, je vous demanderai si vous avez déjà vu un coq de bruyère? Beaucoup pourraient répondre négativement. Que serait-ce si je demandais qui a mis sous la dent ce morceau de roi? Le plus grand nombre s'empresseraient de crier : « Jamais ; cependant si vous avez la bonté de m'envoyer un de ces coqs, je vous tiendrai pour un galant homme et vous informerai du jugement porté par mon palais au sujet de ce volatile. » Je n'en doute nullement, chers lecteurs ; mais ce gibier n'est pas tellement commun dans nos contrées que je puisse tenir ma promesse si je vous en faisais une, ce dont je me garderai bien.

Il n'y a que les plateaux élevés de l'Ardenne qui soient peuplés de cette race de gallinacés. On la chercherait en vain dans les autres parties de la Belgique, si ce n'est à l'étalage des gastronomes; mais, sur ce terrain, ce n'est pas avec un plomb vil qu'on peut s'en procurer un spécimen.

Puisque nous devons chasser ensemble ce royal gibier, il importe d'en faire la description. Son plumage, ses mœurs, son régime alimentaire méritent bien quelques lignes. Mais ce n'est pas un naturaliste qui parle, c'est un chasseur. Je ne fais pas de la science, l'observation est mon seul mérite.

Cuvier, dans son livre admirable sur le règne animal, s'occupe particulièrement du tétras, oiseau de forte taille qui appartient à la classe des gallinacés et habite certaines régions de l'Europe. Ce savant en compte trois espèces : 1° le *tetrao urogallus*, 2° le *tetrao tetrix*, 3° le *tetrao intermedius*. Il en existe d'autres espèces dans les continents transatlantiques.

Avant Cuvier, tous les écrivains qui se sont particulièrement livrés à l'étude de l'histoire naturelle ont parlé du tétras dans leurs livres, mais la plupart ont souvent confondu les diverses espèces de ces oiseaux, et il est presqu'impossible de distinguer, dans ce fouillis de renseignements souvent erronés, ceux qui se rapportent au *tetrao urogallus* ou au *tetrao tetrix*.

On n'en finirait pas si on devait relever toutes ces erreurs, dont Buffon, d'ailleurs, a fait souvent justice dans ses remarquables écrits. Le grand naturaliste a consacré de nombreuses pages à l'étude du tétras, mais ce sont plutôt des compilations savantes que le résultat d'observations personnelles. Aussi, malgré sa science profonde, a-t-il lui-même donné sur cet oiseau des détails qui démontrent à l'évidence que cet écrivain n'a pas toujours surpris la nature sur le fait dans les splendides tableaux qu'il a tracés du règne animal.

Ce reproche que je fais à Buffon, on pourrait l'adresser à beaucoup des naturalistes de tous les temps. Ce n'est pas dans les livres et dans le silence et la retraite du cabinet qu'on découvre les secrets de la nature vivante, de cette nature qui ne se meut et ne respire souvent qu'au fond des forêts les plus sombres et au milieu des plaines les plus sauvages. Ces secrets, il faut aller les arracher au prix de mille fatigues, de mille privations, souvent de mille dangers, et c'est à quoi les savants se résoudront rarement. Entre tous les hommes qui pourraient écrire avec le plus de vérité l'histoire de certains animaux et de beaucoup d'oiseaux, il faut placer le chasseur. Lui seul vit dans un milieu qui lui permet de photographier à chaque minute les diverses phases de l'existence et les habitudes d'une foule d'êtres que l'homme d'étude ne pourra jamais connaître. Et c'est en rassemblant les observations d'hommes compétents et de professions spéciales, qu'on parviendra peut-être un jour à jeter les fondements d'une histoire réellement naturelle.

Si le tétras a souvent eu à se plaindre des chasseurs qui ne lui font pas merci, il n'a guère eu non plus à se louer des savants. Les uns, comme Gesner, le font stupide ; d'autres, comme Frisch, le privent de la langue ; quelques-uns, comme Encélius, assurent qu'il féconde par le bec les œufs de ses femelles ; il y en a même qui le font dormir pendant tout l'hiver comme un loir ; d'autres, enfin, le rendent sourd et aveugle pendant le temps des amours. A la place du tétras, je préférerai recevoir un honorable coup de fusil que d'être l'objet de calomnies aussi ridicules. Qu'il se console cependant : il n'a pas été le seul animal anciennement maltraité par la science. Maiolus, le président Duret, et, en 1760, Graindorge, docteur à Montpellier, professaient hautement l'opinion que le canard et la macreuse étaient des produits de la décomposition des végétaux.

Si ces honorables écrivains avaient été quelque peu chasseurs, ils n'auraient pas mis au jour de pareilles choses. Inutile de dire qu'Aristote,

Athénée, Pline, *Caïus secundus*, et plus tard Aldobrande Belon, etc., ne sont pas tombés dans d'aussi grossières erreurs, quoiqu'ils me paraissent, quant au tétras, avoir confondu cet oiseau avec les outardes, les pintades, les lagopèdes, et une foule d'autres gallinacés qui ont quelque ressemblance avec les diverses espèces de coqs de bruyère.

Buffon divise les tétras en quatre classes : 1° le tétras ou grand coq de bruyère ; 2° le petit tétras ou coq de bruyère à queue fourchue ; 3° le petit tétras à queue pleine ; 4° le petit tétras à plumage variable. Entre cette division et celle de Cuvier, il y a peu de différence, les deux dernières espèces de tétras pouvant être rangées sous la dénomination de *tetrao intermedius*.

Je ne m'occuperai ici ni du *tetrao urogallus* ni du *tetrao intermedius*. Aucun des deux n'appartient à notre pays. Le seul qui habite la Belgique est le *tetrao tetrix* de Cuvier ou le petit tétras à queue fourchue de Buffon, si on aime mieux.

Feu le docteur Richard Courtois, membre de plusieurs Sociétés savantes et sous-directeur de l'Université de Liége, a commis, dans ses *Recherches sur la statistique de la province de Liége*, une erreur impardonnable pour un ornithologiste belge. Il place le *tetrao urogallus*, le grand tétras, à Jalhay, dans l'arrondissement de Verviers, et il donne comme très-rare dans notre pays le *tetrao tetrix.* Je ne sais où ce savant a pu puiser ces renseignements, mais ce qui est certain, c'est que le tétras qu'il donne comme rare est précisément celui qui vit dans nos bruyères, tandis que l'*urogallus* n'y a jamais vécu et ne peut y avoir fait que des apparitions bien rares.

M. le baron de Sélys-Longchamps, membre de l'Académie des sciences de Belgique, dans son *Catalogue des Oiseaux des environs de Liége (sédentaires ou de passage)*, reproduit, au chapitre *Famille des tétras*, l'erreur de Richard Courtois. Ce savant naturaliste place le *tetrao tetrix* dans les bruyères de la rive droite de la Meuse. Il renseigne cet oiseau comme assez rare dans ces contrées. Ce tétras est cependant le seul qui soit assez commun dans nos Ardennes.

Le *tetrao urogallus*, qui vit dans les hautes montagnes du nord et des régions tempérées de l'Europe, est gros comme un dindon. Il est généralement connu en Allemagne sous le nom d'*auerhahn* (coq de bruyère). Le *tetrao tetrix*, le nôtre, le belge, celui enfin que nos chasseurs connaissent et que les chasseurs étrangers viennent quelquefois tirer dans nos contrées sauvages de l'Ardenne, est appelé vulgairement dans les provinces de Liége et de Luxembourg coq de bruyère *(coq di brouwir)*. En Allemagne, où ce volatile est assez commun, il porte le nom de *birkehahn* (coq de bouleau). Ce nom lui vient de ce qu'il perche volontiers à certaines époques sur les arbres de cette essence, et qu'il en mange avec assez d'avidité les boutons et les jeunes pousses. Les Allemands ne donnent jamais à ce tétras le nom de coq de bruyère.

Dans beaucoup de pays, on lui donne une dénomination différente. Là il est appelé petit coq sauvage, ailleurs coq de bois, en Italie faisan noir ou faisan des montagnes. En Souabe, on l'a souvent désigné, non sans raison, sous le nom de *riethahn* (coq de marais). Ce volatile affectionne effectivement les terrains fangeux et humides, mais ne les fréquente qu'à certaines époques de l'année. En somme, le nom qu'il porte en Belgique (coq de bruyère) est celui qui lui convient le mieux, car on ne rencontre ce gallinacé que dans les contrées où la bruyère abonde, jamais même dans les forêts les plus sauvages qui s'élèvent loin des landes et des bruyères.

Ce petit tétras se rencontre surtout en Écosse, en Norwège, dans quelques parties de la Russie et de la Pologne, en Allemagne, dans plusieurs cantons de la Suisse, quelquefois en France dans les montagnes du Jura, en quelques endroits des Alpes et dans les Vosges. Il est probable que des influences atmosphériques le forcent quelquefois à quitter certaines régions, car il y a des pays d'où il a disparu subitement sans causes appréciables.

Toussenel, dans son *Ornithologie passionnelle*, livre plein d'esprit et de science, a étudié avec soin le genre tétras. Cet écrivain s'élève avec raison contre la sotte dénomination dont on a affublé cet oiseau en lui donnant le sobriquet de coq de bruyère. « Coq de bruyère, écrit-il, est un nom tout aussi absurde que celui de tétras ou de faisan bruyant donné à cette espèce. D'abord les oiseaux dont il s'agit sont autochthones, c'est-à-dire indigènes des forêts de la Gaule, et puisqu'ils ont deux ou trois mille ans de séjour en ce pays de plus que le coq d'Asie, qui ne s'y est acclimaté qu'à la longue, je ne comprends pas qu'on ait pu attendre la venue de l'étranger pour baptiser de son nom l'indigène. » Toussenel propose d'appeler le grand tétras *pulvérateur des sapins* et le petit *pulvérateur des bouleaux*. J'ignore si cette dénomination sera adoptée un jour par la science.

Le spirituel auteur de l'*Esprit des Bêtes* et du *Monde des Oiseaux* fait erreur quand il assimile d'une façon complète les mœurs, les habitudes et le régime alimentaire du grand et du petit tétras. Autant l'*auerhahn* est stupide et lourd, autant le *birkehahn* est vif, rusé, alerte. L'un et l'autre se substentent aussi d'une manière assez différente, et là où le coq de bruyère à queue fourchue vit très-bien, le grand tétras périrait bientôt. Dans nos contrées, l'*auerhahn* ne trouverait pas les grandes forêts de sapins qui sont nécessaires à son existence, et tomberait bientôt sous le plomb des chasseurs, tandis que le coq de bouleau se contente très-bien de nos bois touffus, semés de bruyères et entrecoupés de champs, et sait se soustraire aux recherches, même des braconniers.

Il suffit d'avoir vécu quelques jours dans la société des petits tétras pour se convaincre de la dissemblance qui existe entre ces deux espèces d'oiseaux.

Le coq de bruyère, *tetrao tetrix* (je parle du mâle), est plus grand que la gélinote. Fort comme un coq de bataille, d'un aspect plus sauvage et plus fier, il porte haut la tête et fait la roue avec sa queue en fer à cheval. Son plumage, d'un noir fauve à reflets bleuâtres, brille au soleil de couleurs inimitables et chatoyantes. L'uniformité de sa robe, d'une sévérité élégante, bardée de blanc aux ailes et à la queue, en fait un volatile de distinction, un aristocrate parmi les gallinacés. Son bec est fort et recourbé comme un bec d'oiseau noble. Ses pattes sont emplumées. On dirait qu'il porte des petits pantalons de dentelles d'un gris foncé. Sa queue, dont les plumes rectrices se recourbent vers l'extérieur, s'étale en forme de lyre et orne admirablement cet oiseau.

Tout révèle en lui un être de race.

Son œil, perçant comme la prunelle de l'aigle,

surmonté de membranes rouges et sanglantes, la finesse de son ouïe, son cri strident, ses instincts farouches, le rendent, à certaines époques de l'année, très-difficile à approcher. Il faut alors ce qui s'appelle, en termes de chasse, une chance pour l'avoir à portée de fusil.

C'est surtout dans les fortes chaleurs, quand son sommeil est lourd, que le chasseur infatigable, aidé d'un chien prudent, peut envoyer le coq de bruyère de sieste à trépas. Mais tirez juste : son vol, lent à l'enlèvement comme celui de tous les oiseaux d'un poids respectable, acquiert la vitesse d'une flèche aussitôt qu'il est arrivé à une certaine hauteur.

Son aile nerveuse fend l'espace d'une montagne à l'autre sans s'arrêter, quoiqu'il n'affectionne pas ce moyen de locomotion. Il ne vole de propos délibéré que le matin et le soir; il court comme l'autruche à défier le plus léger des chiens, et j'en ai vu un se faire chasser deux heures par des chiens courants après avoir été démonté. Il les mit en défaut dans un champ de genêts sans qu'on pût jamais le prendre. Le renard en aura fait sa proie... Heureux renard!

Au temps des amours surtout, le coq de bruyère est admirable. Pacha de son canton, jaloux, intrépide, il vit seul au milieu de son sérail, seul mâle bien entendu.

Malheur au concurrent que l'imprudence, la témérité, l'exaltation amoureuse peut-être, amène dans ses parages ! C'est une guerre à mort, un duel sans témoin, dans la solitude, qui ne se terminera que par la mort de l'un des combattants. Février et Mars ont vu plus d'une bataille de ce genre.

Les femelles même, lorsqu'elles sont fécondées, n'osent troubler ce maître farouche, ce sultan des bruyères. Le nombre de celles qui forment son harem n'est cependant que de cinq ou six. Ces dames ne vivent pas réunies : elles sont souvent disséminées dans un périmètre de plusieurs lieues. Elles s'occupent en bonnes mères du soin de leur couvée, loin de la retraite du coq.

Comme la poule domestique, elles couvent six à sept œufs dans un nid placé dans un endroit sec de la bruyère ou un buisson voisin, et élèvent avec sollicitude leur petite famille. Les œufs du tétras sont gros comme des œufs de poule, d'une couleur blanchâtre et tachetés de brun. La femelle les couve pendant vingt-quatre ou vingt-cinq jours, et les cache sous des branches quand elle quitte le nid. Le coq, lui, ne donne aucune marque d'affection et de tendresse à sa famille. Il la fuit, et continue à vivre dans la retraite sans se préoccuper du ménage. Le hasard seul l'amène quelquefois au milieu des siens.

Moins grosses que le coq, les femelles ont le plumage fauve qui tient de la couleur de la perdrix et de la bécasse, mêlé de noir, cerclé de blanc aux ailes de même que le mâle.

Jusqu'à l'âge de puberté, époque de la mue, les jeunes ressemblent tellement à la mère qu'il faut une certaine habitude pour ne pas les confondre. Ils vivent en famille, comme les perdreaux, sous l'égide maternelle. La mère gratte la terre, et les poussins y cherchent avec avidité les œufs de fourmis et les petits vers. Ils ne se perchent qu'au bout de plusieurs semaines.

Simples et timides dans l'enfance, ils se laissent approcher aisément et tombent sous le plomb meurtrier aussi facilement que le roi des cailles. Rarement ils quittent, pendant l'été, l'endroit qui les a vu naître.

Il faut qu'ils s'y trouvent pourchassés ou que la mère, frappée par un barbare, contrairement à toutes les lois en usage dans la chasse du coq, ne soit plus là pour maintenir la paix dans l'association.

Quelques auteurs et un grand nombre de chasseurs prétendent avoir rencontré des couvées de douze à quinze et même vingt jeunes tétras; mais je puis certifier que c'est là une erreur de leur imagination ou de l'ignorance. Il est excessivement rare que les couvées dépassent huit membres.

Au printemps qui suit l'époque de leur naissance, les jeunes coqs deviennent eux-mêmes sultans et choisissent un canton.

Chaque saison apporte dans la manière de vivre de ces gallinacés de profondes modifications. Si ce n'est l'hiver, à l'époque des grandes neiges, ils perchent rarement. Dans ces mauvais jours, on voit les coqs se tenir sur les bouleaux et les sapins, abrités d'un froid trop vif dans les branches les plus touffues. Au printemps, le mâle amoureux se campe fièrement sur une branche peu élevée et fascine, comme d'un trône, les poules éblouies par ses contorsions maniérées. Il relève en panache échevelé les plumes du sommet de la tête, retrousse et étale sa queue, gonfle la membrane rouge qui surplombe ses yeux, et se démène, se tourne et se retourne en poussant son chant d'amour, grincement qui ressemble au bruit aigu d'une faulx qu'on aiguise, et voilà les poules séduites. Ah! mesdames, quel modèle pour vos maris ou vos amants! Combien le petit-maître le plus galant et le plus dévoué est loin du coq de bruyère! Quelle peine il se donne pour plaire, quel courage il a pour défendre l'honneur de ses poules! Hélas! il fait honte à notre pauvre nature humaine.

C'est en automne que le naturel des coqs se modifie le plus. Ils quittent les bois et les taillis et viennent vivre dans la solitaire et inculte bruyère. Vous les rencontrez alors, presque tous mâles, par bandes nombreuses sur ces immenses plateaux. Là, ils sont à l'abri des attaques de l'homme armé d'un fusil. Un des leurs veille toujours, sentinelle rusée que le moindre bruit étonne et qui s'empresse de donner le signal d'alarme. Adieu les coqs. Ils sont loin déjà. C'est un hasard si, grâce à un rayon de soleil, à une pluie battante ou à des vents violents, on parvient à tromper leur ouïe et leur vue jusqu'à les approcher à portée de fusil.

En Suisse, dans les vallons des Alpes, on les trouve en bandes considérables. En Suède, ils sont encore plus nombreux, et ce n'est pas rare d'en compter plusieurs centaines dans une même lande. Je ne parle que des mâles, car l'hiver les femelles continuent à rechercher la solitude.

Il me souvient qu'un jour, surpris sur la bruyère par une bourrasque à démonter un trois-ponts et une averse à recommencer le déluge, l'idée me vint de me glisser, dans le désordre des éléments, vers une remise connue.

Plusieurs fois, je fus obligé de courir des bordées pour ne pas être enlevé par le vent, ou de me coucher sur le sol humide pour laisser passer la tourmente.

Que ne ferait-on pas pour tirer un coq?

Je touchais au but, j'appelle mon chien. Le coquin m'avait quitté pour se mettre à l'abri de la tempête dans la hutte d'un douanier. A moi seul la besogne, au moins j'en aurai toute la gloire.

Je bats le terrain en zigzag, l'œil au guet, le doigt sur la détente, prêt à tout : rien ne part.

Les coqs font comme mon chien : couchés dans les hautes bruyères, ils hésitent longtemps à se lever, et la pluie tombe en immenses cataractes. C'est ici que mon chien m'eût été d'une grande utilité.

En désespoir de cause, je pousse des grognements comme un club anglais. Je me fais rabatteur pour mon propre compte. Les voilà partis! J'ajuste un vieux mâle dont les ailes au départ ont frôlé mes guêtres. Feu! Un bruit sec répond au commandement. La capsule même n'éclate pas. J'en tiens un second au bout du fusil. Il païra pour l'autre. Cruelle infortune! cette fois la capsule part, mais c'est tout. Et coqs vieux et jeunes, emportés par le vent, disparaissent au loin.

Avez-vous déjà perdu 20,000 fr. à la Bourse? Votre maison a-t-elle été brûlée? Votre cheval favori est-il mort? Trois choses éminemment désagréables. Eh bien! ce malheur, que dis-je! ces trois malheurs réunis no sont rien auprès d'un raté pareil. On regagne son argent, on réédifie son immeuble, on rachète une monture, mais on ne se retrouve jamais en position de faire un coup double pareil, à dix pas, sur des coqs de bruyère, au mois de novembre.

Je maudis la pluie, mon fusil à percussion, je

me maudis moi-même, et... je brisai mon fouet sur le dos de mon griffon. Ainsi va le monde.

Mon chien, meilleur observateur que moi, m'avait donné une leçon d'opportunité. L'expérience lui avait prouvé plusieurs fois que, par un temps semblable, les longs feux sont communs et enfantent les regrets. Il s'était souvenu, et son maître imprudent n'avait écouté que sa passion. Le knout lui apprit ce que rapporte une leçon, si bonne qu'elle soit. Méchante nature humaine, surtout celle des chasseurs qui reviennent bredouille!

Le fusil à système nouveau est surtout utile dans les jours pluvieux. Les ratés sont excessivement rares, la poudre ne subissant aucune influence atmosphérique. Je vous les recommande.

Il me reste à vous dire, à propos du coq de bruyère, qu'il se nourrit, pendant le bon temps, des petits fruits des bruyères, des bourgeons tendres des arbres, et de myrtilles rouges et noires, dont il est très-friand. Il ne dédaigne pas non plus les œufs de fourmis et le gravier fin, les scarabées, les baies de genévrier, les fruits du sorbier, les limaçons, toutes choses qu'il entremêle pour faciliter la digestion.

Pendant l'hiver, j'en ai déjà vu qui becquetaient dans les fanges une espèce de racines dont les fibres et la saveur sont sans doute agréables à leur palais et à leur estomac.

Il est un peu de la nature du faisan, que nous ne connaissons guère qu'en volière dans nos pays, et, à tout prendre, je troquerais sans regret aucun le magnifique oiseau de nos parcs contre ce gibier sauvage que nous allons chasser ensemble.

CHAPITRE III

Qu'est-ce que la chasse? — Une réponse et une historiette. — Départ de trois amis. — Les agréments du voyage. — Le chemin de fer de Spa. — Quelques vues pittoresques. — Arrivée à Spa.

Qu'est-ce donc que la chasse? Est-ce la boucherie que vous aimez? Sont-ce de nombreux coups de fusil et d'innombrables victimes? Oh! alors ne quittez pas les champs des pays plats, émaillés de bluets et de perdreaux, pelouses unies où vous ne rencontrerez pas la fatigue, où vous marcherez sur des fleurs et ferez ample récolte de faciles triomphes.

Votre porte-carnier, cette bête de somme à qui l'on ne demande pas même l'intelligence d'un chien, pourvu qu'il ait de fortes épaules, succombera seul sous le poids de vos exploits sans cesse renaissants.

Mais « à vaincre sans péril, on triomphe sans gloire; » je compléterai même la pensée du poëte : on triomphe sans jouissance.

Qu'importe au chasseur de chamois, le chamois tué? C'est le précipice qui attire la nature poétique du Suisse, c'est l'horreur des glaciers, la mort en haut et en bas, l'avalanche qui brise tout et la gueule béante des crevasses sans fond. Ce sont les émotions, épices nécessaires aux âmes fortes, qui l'entraînent et l'éblouissent.

S'il savait tuer le chamois sur la côte fleurie de la montagne, il s'y rendrait le premier jour, et le second il suspendrait pour toujours sa bonne carabine au haut de l'âtre. Le sang de sa victime lui donnerait des nausées.

C'est un soldat qui combat, ce n'est pas un bourreau qui exécute.

Il ne sera jamais chasseur, ce bouillant jeune homme qui, plus sauvage que son *pointer* de haute allure, moissonne à tort et à travers les perdreaux et les lièvres de la plaine pour l'unique plaisir d'étaler des pyramides de cadavres à sa rentrée au logis.

Laissons-le courir et tuer. Gardons pour nous les jouissances intelligentes de la chasse. Compterait-on pour rien l'aspect des grandes forêts, les vues délicieuses, l'arôme des champs et des bruyères, un soleil magnifique et la liberté?

N'est-ce pas là un cadre bien digne de cette noble passion, de cette rare science où la théorie seule ne vous préserve d'aucun échec, où l'expérience et l'observation sont absolument nécessaires? Voir le chien rivaliser de ruse et de prudence avec le gibier, étudier les allures de celui-ci, ses moyens de défense et les chances qu'il a de se sauver, diriger l'un, s'identifier avec lui et combiner ses mouvements sur les siens comme deux généraux alliés, surveiller l'ennemi afin de ne pas être surpris et de pouvoir frapper le grand coup au moment opportun : voilà ce qui embellit la chasse et en fait le premier des amusements humains.

Troussez donc vos guêtres, comme on dit vulgairement, et puisque nous n'avons pas, nous, de chamois à chasser, de sangliers à combattre, ou quelque vieux loup à forcer, prenons tout simplement notre fusil, notre chien le plus prudent, et le cœur gai, avec la blouse bleue du roulier sur le dos, allons en quête de ces coqs de bruyère dont la Basse-Ardenne est peuplée.

Mais ne faites pas comme un mien ami, mauvais piéton, détestable chasseur, qui, à l'aspect des interminables bruyères qui dominent les montagnes à l'Est de Spa, et peu désireux de s'y aventurer, rebroussa chemin sans vergogne jusqu'à la ville des jeux et des plaisirs, où il perdit son cœur et énormément d'argent à la roulette.

Forcé par une indomptable passion de poursuivre une fille de marbre en vacances, il courut le monde à la conquête de ce cœur de plâtre, et laissa à toutes les roulettes européennes, ronces dangereuses dont les épines font de sanglantes blessures, quelques lambeaux de sa fortune.

Un lion de la pire espèce, un de ces lions qui plument le gibier avant de le tuer, trouva la poursuite de notre camarade passablement ennuyeuse, et, digne chevalier de la dame des pensées de mon pauvre ami, il finit, par un coup de roi, dans une passe d'écarté, par lui gagner son dernier billet.

Enfin, notre craintif chasseur reçut, pour comble d'infortune, un grand vilain coup d'épée qui mit ses jours en danger.

La moralité de cette historiette est qu'il ne faut pas, si vous avez projeté quelque chasse en Ardenne, reculer devant les difficultés et s'arrêter dans cette ville de jeux et de folles amours, terrain mouvant dont les abîmes sont couverts de roses épineuses et d'illusions dorées, abîmes auprès desquels les fanges de la bruyère ne sont rien.

Mais cette fois nous sommes trois amis de saint Hubert incorruptibles.

Partis de Liége par la vallée pittoresque de la Vesdre, sur un chemin de fer qui perce les montagnes, surplombe et franchit le torrent avec une étonnante hardiesse, nous arrivâmes bientôt à Pépinster, notre première halte.

Là, le railway se bifurque, et tandis que la locomotive reprend sa course effrénée vers l'Allemagne, un autre chemin de fer emmène vers Spa chasseurs, joueurs et touristes, singulière société réunie pour une heure dans cette cage en bois mal rembourrée qu'on appelle wagon.

On prend place en silence, mais bientôt c'est un tohu-bohu général. Le chasseur est l'ennemi du voyageur. Il a un chien malpropre qui se trébuche toujours dans les jambes qui n'appartiennent pas à son maître; il secoue des insectes qui n'ont aucun respect pour les dames qui s'aventurent en wagons, il bave surtout que c'est une bénédiction.

— Mais, monsieur, prenez donc garde à votre animal!

— Couche, Castor! couche, Diane!

— Cette affreuse bête a la vermine.

— Que c'est désagréable d'avoir de tels compagnons pendant tout le voyage!

— Il n'y a qu'en Belgique qu'on souffre de pareilles choses.

Et puis c'est une vieille dame qui se pâme à l'aspect de votre fusil : il est peut-être chargé. Vous sentez la pipe ou le cigare. Les bottes goudronnées n'exhalent pas l'ambre.

Maudits chasseurs! puisse la bredouille vous poursuivre sans répit jusqu'à vos derniers jours!

Ce concert dure tout le parcours, mais le chasseur est gai, heureux, et il s'inquiète peu de ces malédictions du profane. Il n'aspire qu'à se trouver bientôt dans les grands bois dont il préfère les senteurs aromatisées au patchouli des coquettes sur le retour.

Si lente que soit la vapeur sur ce chemin de fer éclopé, on n'en arrive pas moins. Theux, la ville qui revendique l'honneur d'être le berceau de Charles-Martel, est déjà loin; les ruines de Franchimont, que tout Liégeois salue avec orgueil, ont disparu derrière les montagnes ; on longe la promenade du Marteau: vous êtes à Spa. C'est l'heure de la délivrance pour tous.

Tout le monde pousse un : « Ah! » qui signifie fort naturellement : « Suis-je content d'être débarrassé de ces gens-là! » On se sépare sans se saluer, les chiens sautillent et jappent de bonheur.

Le chasseur au léger bagage est déjà en route que voyageurs ou voyageuses se disputent encore leurs nombreux colis enlevés pêle-mêle des wagons et arrachés par les commissionnaires des omnibus. Adieu la compagnie!

Nous sommes au mois de septembre. C'est l'époque des chasses. Il y a quelques années, c'était vers le 10 août que la chasse aux coqs de bruyère était ouverte. Elle est rentrée dans la règle commune, et l'on doit s'en applaudir. Au mois d'août, les poulets n'étaient pas assez forts pour échapper aux chasseurs. Ils se laissaient assassiner un à un sans qu'il fût possible de les manquer. Et, faut-il le dire à la honte des amis de la chasse, cette ouverture précoce servait les mauvaises passions de l'homme, et lui offrait le moyen de tuer lièvres et perdreaux, fruits défendus, sous prétexte de coqs.

Viennent les gardes et les gendarmes les poursuivre dans ces steppes immenses, et visiter le carnier recéleur! Autant vaudrait pourchasser l'Arabe dans le désert pour lui reprendre sa proie. Je n'ai jamais compris pourquoi l'on faisait en faveur de ce gibier une ouverture anticipée. Avait-on hâte d'en faire disparaître la race, ou quelque gourmet haut placé avait-il si besoin de ce met succulent qu'il n'eût pu attendre un mois pour satisfaire son envie?

Un mois, c'est plus qu'il n'en fallait pour donner aux jeunes coqs la vigueur dont ils sont encore privés en août, et développer leur instinct de sauvagerie... Mais, quoique ministre, on n'est pas toujours chasseur intelligent. Il y a progrès, c'est déjà quelque chose!

CHAPITRE IV

Pourquoi à Spa plutôt qu'ailleurs. — Avis à l'administration. — Où vivent les coqs. — La route des bruyères. — La Géronstère. — Le dernier toit. — Histoire de Jean Purmus. — Un cri d'alarme.

On me demandera pourquoi j'ai placé mon récit de chasse aux coqs de bruyère dans les Ardennes belges plutôt que dans les steppes de l'Allemagne ou sur les plateaux élevés des Alpes? Ma réponse est bien simple. Je me suis livré souvent à la chasse du tétras dans nos Ardennes, et non dans les fanges allemandes ni dans les montagnes de la Suisse, et, en ne quittant pas ces lieux, je ne crains pas au moins de commettre de ces graves erreurs qui ôtent à toute étude son caractère de vérité. D'ailleurs, qu'importe le théâtre quand les acteurs sont de tous les pays? Le chasseur n'a pas de patrie, il est chez lui partout où se trouve un gibier de poil et de plume ; vous le trouvez le même en France, en Angleterre, en Allemagne, en Belgique.

C'est toujours un gai compagnon, au franc et loyal parler, un peu hâbleur, un peu vantard, mais serviable et généreux à l'occasion. Je ne parle pas, bien entendu, de ces insupportables parvenus que l'orgueil aveugle et qui ne chassent que par genre ou pour avoir l'occasion de dire : Mes chiens, mes gardes, mes parcs et mes réserves. J'ai soin aussi d'exclure de la noble et grande confrérie de saint Hubert ces chasseurs rapaces qui n'ont pas honte de se faire marchands de gibier, et qui, en fin de compte, ne sont que des braconniers avec la permission des autorités. Ces gens-là se rencontrent aussi partout, mais partout aussi on les fuit avec raison. Quant aux tétras, l'atmosphère dans lequel ils vivent, les lieux qu'ils fréquentent, ne changent ni leur forme, ni leur nature, ni leurs mœurs. Ils restent, comme dit M. Tschudi, « le plus beau, le plus noble des gibiers, l'ornement, voire même la perle des forêts. » Les manières de les chasser ne sont guère différentes, mais j'ai choisi la plus pratique pour les chasseurs de nos régions tempérées. Il en est peu d'entre eux qui feront un voyage en Pologne ou en Suède pour aller tuer un coq, tandis qu'il y en a peut-être un assez grand nombre qui n'hésiteront pas à venir jusqu'en Belgique afin de se livrer à la chasse de ce remarquable gibier.

Spa, notre jolie ville d'eaux et de jeux, est presque une ville européenne, et, parmi les touristes qui y affluent, il en est peu qui ne soient pas chasseurs. Je ne sais pas pourquoi l'administration communale de Spa, qui possède de beaux territoires de chasse, ne les consacre pas tout entiers aux plaisirs des étrangers plutôt que d'en faire la location à quelques chasseurs indigènes. Ce serait un moyen nouveau d'attirer et de retenir à Spa une certaine classe de touristes qui préfèrent les villes d'eaux allemandes, par cette seule raison que la chasse y est plus à la portée des visiteurs. Cette ville est assez riche pour faire un si mince sacrifice aux plaisirs de ceux qui la font vivre et même l'enrichissent.

On verrait, s'il en était ainsi, affluer dans nos belles montagnes l'élite des chasseurs étrangers, avides de poursuivre ce tétras qui peuple les vieux grands bois de la Géronstère aux sombres allées et anime les solitudes des fanges. Une pareille société donnerait une animation nouvelle à Spa et un charme de plus à tous ceux qu'on trouve dans le séjour de cette ville. Avis à l'administration.

Les environs de Spa, les hautes bruyères encadrées de grands bois qui dominent les belles et pittoresques montagnes autour de cette ville de plaisirs, sont très-renommés pour la chasse aux coqs. Il n'est pas d'années où les chasseurs n'y abattent un assez grand nombre de ces volatiles. D'autres cantons voisins sont également fréquentés par ce gibier royal. On le rencontre vers Stavelot et Malmedy, à Jalhay, à Werbomont, à Staneux, à Deigné, à Lierneux, à Vielsalm, et dans les bois touffus et les landes de la Porallée jusqu'aux environs d'Aywaille. Jadis on en a vu presque aux portes de Liége, dans les bruyères de Beaufays aujourd'hui disparues. Mais le naturel sauvage de ce volatile et d'autres causes inconnues l'ont pour ainsi dire parqué dans un rayon déterminé de l'Ardenne.

Les territoires de Neufchâteau et de Gedinne, qui semblent favorables à cet oiseau, en sont maintenant dépeuplés. Quant à nous, c'est vers La Gleize que nous allions le chercher, le cœur plein d'espérance.

De Spa pour se rendre dans cette commune, la route est assez rude; mais qu'importent aux vrais chasseurs quelques montagnes à franchir? C'est la moindre des choses. Spa disparut bientôt derrière nous, et, le pied léger, nous gravîmes la côte qui conduit à la Géronstère.

Joseph M..., Alfred De.... et moi, composions toute la caravane, sans compter nos chiens. Alfred seul, peu habitué à cette gymnastique pédestre, assez fatigante lorsqu'on est chargé de l'attirail complet du chasseur, ce qui équivaut pour le moins à la charge d'un soldat allant en guerre, se plaignait de temps à autre de cette ascension.

— Es-tu fatigué ? lui dis-je.

— Un peu, répondit-il en s'arrêtant.

— Alors, pressons le pas, nous arriverons plus tôt pour nous reposer.

Cette réponse peu consolante fit perler quelques gouttes de sueur de plus au front de notre pauvre camarade, qui, traînant ses bottes fortes sur le sol rocailleux et portant son fusil de l'épaule gauche à l'épaule droite, se remit bravement en route.

Nous laissâmes à droite la Géronstère et ses eaux sulfureuses qui exhalent la nauséabonde odeur de l'œuf gâté, sans nous arrêter sous l'ombrage des grands arbres qui entourent la source.

Il n'y a pas de temps à perdre quand on doit s'aventurer vers le soir dans les bruyères pour une assez longue traversée. La brume est une ennemie mortelle si vous la rencontrez sur l'humide plateau. Les gens du pays le savent, et quoiqu'ils connaissent les passes sèches, comme un poney irlandais celles de ces marécages si dangereux de la verte Érin, ils s'engagent rarement dans la bruyère à la nuit tombante.

La route que nous suivions en ce moment à travers bois prit bientôt l'aspect d'un petit sentier à peine battu par de rares passants et bordé des deux côtés par un maigre taillis. Nos chiens poussaient des pointes dans les buissons, emportés par l'ardeur de la chasse, qui se réveille chez eux à la simple vue des forêts et des champs, et revenaient vers nous à chaque instant, rappelés par de vigoureux coups de sifflet. On entendait dans le lointain la clochette des vaches ramenées à la ferme, dernier toit que nous allions bientôt perdre de vue : nous avions à peine encore une heure de jour devant nous. C'était assez, mais ce n'était pas trop.

Le soleil nous jetait un dernier regard du haut des roches de Spa. Le ciel était calme et azuré, la brise fraîche; le chant monotone du coucou animait seul le silence qui précède la descente des ombres sur la terre, heure pleine de poésie qui remplit l'âme de mélancoliques pensers et de douces aspirations.

A mesure que nous avancions, le paysage, tantôt si pittoresque, entrecoupé de collines ondulées et de forêts grandioses, de vallées fertiles et de rochers arides, prenait une physionomie toute différente. Plus une maison, pas une cabane; des arbres rabougris, un sol tourbeux, et à l'horizon, comme un lac endormi, l'immensité de la bruyère.

— Enfin! dit Alfred De..., l'infortuné piéton harassé, voilà la terre promise.

— Au moins c'est la route qui nous y conduit, ajoutai-je.

— La route, dit Joseph M..., un des plus gais compagnons de chasse qu'on puisse rencontrer, la route n'est pas précisément indiquée, comme tu vois, mais avec un peu de bonne volonté et d'expérience, on finit par la trouver.

— Ah diable! continua Alfred étonné, comment s'y prend-on?

— Rien de plus facile, mon cher, dit Joseph M... en se penchant vers le sol.

— Que cherches-tu?

— Mais, parbleu! la route pour te la montrer. Tiens, la voici. Tu vois ces bruyères froissées, ces marques de clous : ce sont les traces des indigènes qui ont traversé la bruyère aujourd'hui pour aller à Spa. Nous n'avons qu'à les suivre en sens contraire, et nous arriverons sains et saufs.

Je ne pus m'empêcher de rire en voyant la figure ahurie d'Alfred De... Il ne voulait pas croire qu'en Belgique, son pays, un pays qui passe pour un foyer de civilisation, on fût obligé de faire le manége d'un Mohican, d'un Peau-Rouge, d'un Indien, pour se rendre d'une ville à un village. Combien de gens n'y a-t-il pas qui partageraient aujourd'hui encore l'étonnement de notre ami, mais combien ne s'en trouve-t-il pas aussi qui n'ont jamais visité nos pittoresques contrées de la Meuse, la sauvage Ardenne et le Luxembourg, et perdent leur temps à courir les pays étrangers à la recherche de splendides paysages qu'ils possèdent chez eux? Aussi, passé Spa, l'inconnu commence, X., dont on parle et sur lequel on a écrit de sottes calomnies ou de riches théories agricoles acceptées aisément et sérieusement discutées avec autant de raison qu'en auraient quelques savants agronomes discourant sur la fertilité des plaines de la Lune.

— Eh bien! dit Alfred De..., as-tu dépisté le chemin ?

— Heureusement. D'ailleurs nous avons toujours la ressource des croix.

— Je viens, il n'y a qu'un instant, d'en apercevoir une à travers les branches.

— Et justement, dis-je, celle-là est un appel à la prière pour un pauvre paysan égaré, mort de fatigue et de froid dans la bruyère après avoir été séparé de ses compagnons.

— Il ne connaissait donc pas le pays? hasarda Alfred.

— Au contraire. Jean Purmus — c'est son nom — était habitant du Ruy, petit hameau que nous visiterons sans doute, et passait pour un des guides les plus adroits de la localité ; mais, par la neige, il n'y a pas moyen de se guider avec certitude, et plus d'un Ardennais a failli perdre la vie pour avoir voulu traverser les fanges en hiver. Les croix dont on te parlait sont assez distantes les unes des autres; elles servent d'indication pendant le jour : mais la nuit, ou par les temps de brouillard et de neige, ces fanaux sans lumière ne sont d'aucune utilité. On a retrouvé le matin ce pauvre Purmus, étendu sans souffle sur le sol, la figure contractée, les doigts usés jusqu'à la première phalange. Le malheureux avait gratté la neige, le sol et les cailloux dans son agonie comme pour chercher dans les entrailles de la terre un refuge contre les atroces souffrances de sa dernière heure.

— Que n'appelait-il à l'aide? s'écria Alfred.

— Fameux! dit Joseph M...; je suis certain que si tu étais seul au milieu de l'océan, toi, tu crierais au secours.

— Et c'est tellement naturel, répondis-je, que Purmus a crié toute la nuit; mais, au lieu de le sauver, c'est ce qui l'a perdu. Ses hurlements de détresse furent entendus à la ferme de Bérinzen, que nous venons de dépasser. On sortit à sa recherche; mais l'infortuné, au lieu de rester à la même place, décrivait de grands cercles dans une plaine sans issue, et ses cris entendus sur divers points, à peu d'intervalle, déroutèrent ses sauveurs. Il tomba épuisé, sans voix, sans force : tout était fini.

— Marchons, dit vivement Alfred.

— Tu n'es plus fatigué?

— J'ai hâte de sortir de cette bruyère, continua-t-il ; il me semble que j'entends les cris de ce malheureux !

— Halte ! cria tout-à-coup Joseph M...

Je m'arrêtai court. Alfred fit un soubresaut d'effroi, et un cri d'épouvante succéda instantanément au commandement de notre camarade.

CHAPITRE V

Les mortes. — Comme on y entre. — Comme on en sort. — Aspect des bruyères. — Questions agricoles à propos de rien. — Les Ardennais des steppes. — Leur misère. — Deux auberges à fuir. — Des gens heureux.

Nous avions devant nous une *morte*.

On appelle de ce nom lugubre une sorte de marécage recouvert de roseaux et de graminées, lequel présente à l'œil peu exercé l'apparence d'une verte prairie, dangereux mirage qui, loin de repousser le piéton, l'invite à fouler le moelleux tapis.

Malheur à lui s'il va trop avant! La morte, comme le gouffre de la mer, s'empare de la victime et ne la rend jamais. Ces terrains mouvants se trouvent en grand nombre dans la bruyère. Ce sont d'immenses flaques d'eau situées à d'inégales distances et qu'il faut connaître si l'on ne veut à chaque pas risquer de voir le sol s'effondrer sous les pieds.

C'est ce qui venait d'arriver à l'un de nous. Heureusement que cet *un* était la chienne d'Alfred. Quoique *Diane* fût un animal intéressant, il valait mieux que l'accident arrivât au chien qu'au maître. Il est vrai qu'on retrouve plus aisément un camarade qu'un bon chien d'arrêt; mais nous ne sommes pas égoïstes à ce point là.

Le pauvre animal, qui flanait pour la première fois dans la bruyère, avait donné dans le panneau, ou plutôt dans la *morte*. Il s'enfonça des quatre pattes juste au moment où son maître allait mettre le pied sur l'abîme.

Le cri d'épouvante que nous venions d'entendre était sorti instinctivement du gosier d'Alfred. Lui, Joseph et moi, son chien et le mien, nous nous mîmes à courir autour du marécage trompeur en criant, en appelant Diane. Je vous réponds que la pauvre chienne n'aurait pas demandé mieux que de pouvoir venir vers nous. Mais à chaque mouvement qu'elle faisait, le gouffre semblait faire un nouvel effort pour engloutir sa proie. Diane gémissait douloureusement, et ses compagnons hurlaient de chagrin en la voyant disparaître de plus en plus. Triste spectacle!

— Allons-nous rester là à nous lamenter comme des femmes? dit Joseph M.....

— Infortunée Diane, un si bon chien! répondait Alfred. Vous voulez donc l'abandonner !

— Qui te dit cela? répondit Joseph ; mais ce n'est pas en plaignant quelqu'un qu'on aide à le sauver. A l'œuvre, messieurs.

Et là-dessus, notre intelligent camarade se mit aussitôt à détacher la bandoulière de son fusil en nous recommandant de suivre son exemple. Ce fut bientôt fait. Nous le regardions sans comprendre. Il les lia toutes ensemble, et assura les nœuds par de puissants efforts.

Joseph s'approcha en silence aussi près qu'il put de la chienne, dont on ne voyait déjà plus que les poils de l'échine, hérissés d'effroi, et la tête au regard égaré. Je commençais à comprendre. Personne ne soufflait mot, et Alfred ressemblait à la statue du Désespoir.

En homme expert, Joseph attira l'attention du chien par quelques douces paroles, et quand il lui vit tourner les yeux de son côté, il se mit à lui montrer la corde improvisée.

— Happe-là, Diane, cria-t-il tout-à-coup en lui jetant la lanière de sauvetage.

La pauvre bête avait compris. Elle mordit la corde en désespérée.

— Si tu ne lâches pas, ma fille, tu es sauvée, dit Joseph.

Il se mit à tirer doucement comme un pêcheur

adroit qui tient un brochet formidable au bout d'une mince ligne. L'animal fendit la vase. A mesure qu'il avançait vers le bord, le cœur nous battait à tous avec plus de violence.

« Tout doux, » murmurait le sauveur en ne quittant pas des yeux le regard du chien, magnétisme encore inexpliqué et qui exerçait une domination évidente sur Diane.

Elle tint bon et ne remua pas.

Un instant après, Diane était sur terre ferme.

« Sauvée ! » tel fut le cri de joie qui salua le triomphant procédé de notre ami. Mais dans quel état pitoyable était cette malheureuse Diane ! Un vêtement d'argile lui emprisonnait le corps et les membres, et les autres chiens la flairaient tout étonnés.

Elle se traîna vers nous en remuant la queue en signe de remercîments, mais ce fut surtout Joseph qui eut la grande part de ses caresses.

— Ce qui distingue le chien de l'homme, dit philosophiquement celui-ci, c'est la reconnaissance.

Mais au moment où il terminait cette sentencieuse réflexion, Diane, se secouant violemment, le couvrit de boue des pieds à la tête. Nous terminâmes ce tragique événement par un fou-rire auquel il s'associa bien volontiers malgré sa mésaventure.

Il était temps de reprendre la marche interrompue ; une brume épaisse commençait à nous envelopper, et nous ne voyions déjà plus très-loin devant nous. La brise même était assez froide.

Rien de plus grandiose que le spectacle de la bruyère à cette heure de la journée. C'est un désert immense avec un horizon sans fin.

Aucune voix, aucun bruit ne trouble le sombre silence, et une imagination un peu nerveuse est prise d'une étrange émotion en se sentant vivre, seul être humain, dans cette solitude où tout est ombre et mystère. Quel salon pour des sorcières exécuter leur infernal sabbat! Et pourtant aucun pays n'est moins que celui-ci le pays des légendes et des superstitions.

Le paysan des Ardennes est quelque peu esprit fort; il n'y a pas de meilleure eau bénite que celle-là pour chasser les fantômes et les histoires surnaturelles. Nous étions un peu paysans de ce côté; c'est assez dire que, sauf les accidents inhérents à la nature du sol, nous continuâmes notre route sans craindre les farfadets et autres apparitions. L'accident de Diane nous avait rendus plus prudents, car l'homme, moins bien construit que la bête pour surnager dans la vase tourbeuse des *mortes*, y disparaîtrait pour toujours avec la plus grande facilité.

Quand on voit ces immenses plaines sans culture et sans habitants, on se demande si la science ne pourrait les rendre plus fertiles. Sont-ce les bras qui manquent ? Est-ce le sol qui est ingrat ? Faut-il défricher ? Un boisement bien entendu serait-il plus utile ? Doit-on laisser incultes ces vastes landes, ou croit-on préférable de chercher les moyens de changer en champs de blé ces champs de bruyère ? Ce sont là des questions souvent étudiées, mais loin encore d'être résolues.

Si l'on consultait l'Ardennais, nul doute que jamais la charrue ne tracerait son sillon producteur dans son domaine aride. La bruyère pour lui, c'est la vie. Il y trouve la tourbe qui le chauffe, l'engrais qui fait fructifier le coin de terre qu'il cultive, de bonnes pâtures pour ses bestiaux, de douces litières pour les coucher.

C'est une mine inépuisable qu'il exploite sans fatigue et dont il respecte les humbles bienfaits. Ne touchez pas à la bruyère de l'Ardennais pas plus qu'à la reine d'Espagne. L'une et l'autre sont sacrées. Voilà le vœu des paysans de cette contrée et des grands hidalgos de la Péninsule. Mais nous sommes à une époque où la royauté, même d'Espagne, peut sentir encore des mains violentes s'appesantir sur elle à tout instant, et la bruyère n'est, je crois, pas plus inviolable aujourd'hui.

Si, en échange de son inculte territoire, l'Ardennais avait reçu de gras pâturages, et qu'il dût, quelques années après, les quitter pour reprendre la dure vie des bruyères, il maudirait bientô , n'en doutez pas, son sort et sa hutte d'argile. Mais cet être qui, comme le sauvage des forêts vierges du nouveau monde, ne connaît rien des douceurs de l'existence, qui n'a à côté de lui que d'autres êtres semblables à lui-même, ne fait pas de châteaux en Espagne, ces bulles de savon que l'envie gonfle et que la réalité fait éclater sous son souffle inhumain.

Vu de nos salons dorés, ce paysan nous paraît bien malheureux. Entrez sans prévention sous le chaume qui l'abrite, son bonheur paisible ne vous paraîtra pas peut-être méprisable. C'est là que ce paradoxe : « Il n'y a personne de si riche que le pauvre, » est une éclatante vérité. Pas de désirs immodérés, pas d'illusions à perdre; un horizon uniforme, restreint, c'est vrai, mais pas d'événements cruels qui puissent le compromettre.

Je ne vous conseille pas cependant d'échanger vos jouissances contre leur bonheur, leurs pauvres cabanes, leur grossière nourriture. Il n'y a rien là de très-tentant pour ceux qui sont habitués au confort de la vie. J'oserai même dire que, quoique chasseur, j'ai quelquefois été très-embarrassé de me sustenter dans la basse Ardenne.

Il me souvient qu'un soir, harassé et pris d'une faim canine comme sait en creuser l'air vif des bruyères, je m'arrêtai dans une auberge à Jalhay. On me l'avait renseignée comme la meilleure.

Qu'était l'autre ! L'hôtesse, sur ma demande, me servit le souper le plus confortable qu'elle put trouver. C'était d'abord une soupe au lait avec du pain de seigle. Cela s'annonçait assez bien. Mais quel ne fut pas notre désappointement, lorsque mon chien et moi nous sentîmes nos glandes nasales désagréablement affectées par une odeur de viande en décomposition qu'aucun vinaigre, même de Bully, n'aurait pu corriger !

— Mais elle n'est pas fraîche, cette viande? dis-je à l'Ardennaise.

— Je crois bien, dit-elle naïvement, il y a quinze jours qu'elle est dans le pot.

— Et vous me l'offrez ainsi sans penser qu'il y a peut-être de petits insectes qui grouillent là-dedans de père en fils?

— Oh ! monsieur, me répondit-elle tout naturellement, soyez tranquille, s'il y en avait, le sel les aurait tués.

Je me sauve encore, et bien m'en prit, car le lit n'est pas souvent plus délicat que le dîner.

Un de mes amis, grand chasseur de coqs, fourvoyé dans ce même endroit, dut y passer la nuit, je n'ai pas dit dormir, car, s'il ferma les yeux, ce ne fut que pour les rouvrir aussitôt sous les piqûres d'une légion de puces. Il sauta du lit d'un seul bond, et faillit écraser un bataillon de souris qui trottinaient dans l'appartement.

Notre homme s'étend sur deux chaises, et, avec cette insouciance du jeune âge, il s'apprête à invoquer Morphée. Le dieu du sommeil ne demandait rien mieux que de lui être favorable, mais, par le temps qui court, les dieux même ne sont plus très-puissants.

Le chat du logis, qui s'était glissé dans l'appartement, s'empara du lit resté vide, et se mit à miauler autant qu'il put pour inviter sa compagne, qui vaquait à je ne sais quelle besogne, à venir partager sa couche. Ce fut le chien qui arriva. Ils se traitèrent comme le veut le proverbe. Dormez donc dans une pareille arche de Noé !

Notre chasseur furieux faillit mettre le feu à ce repaire d'animaux qui conspiraient contre son repos ; mais un rayon de soleil levant qui s'introduisit à travers la lucarne servant de fenêtre, l'invita à prendre la clef des champs ; ce qu'il fit, jurant, mais un peu tard, qu'on ne l'y prendrait plus.

L'année suivante, tout est oublié, et l'on y revient. On ne se rappelle que l'admirable pays de chasse, les chevreuils et les coqs. Cela fait passer sur bien des choses.

Cependant nous conseillons volontiers à nos amis de ne pas s'aventurer dans cet Eldorado sans faire quelque provision. Au retour d'une journée fatigante, on est bien aise de trouver le pot-au-feu. Le complément de la chasse est le repas qui y succède. C'est l'heure des bons contes et des hâbleries, et les assaisonner d'un vin généreux et d'une tranche de gigot rôti à point dispose l'esprit des chasseurs à la gaîté et fait oublier les fatigues.

S'ils méprisent ce conseil, je ne gagerais pas qu'ils retrouveront quelque jour sur leur table le morceau de viande dont j'ai parlé plus haut.

Heureux pourtant ceux qui, comme nous, peuvent se priver de l'hospitalité de cabaret et trouver bon accueil sous le toit de l'amitié ! Mais tout le monde n'a pas un camarade relégué dans le pays des coqs.

CHAPITRE VI

Le port. — Un hôte aimable. — Conseils aux chasseurs à propos de chiens. — Un départ de chasse. — Le garde. — Histoire de Michel. — Comme on devient braconnier. — Où le braconnage conduit. — Un chapitre bien coupé.

Il était nuit quand nous arrivâmes au village. Imaginez-vous de rares maisons bâties de terre argileuse et abritées d'arbres touffus du côté du vent d'Ouest. Tout dormait, jusqu'aux chiens de garde, et cependant il était à peine neuf heures du soir; mais que faire, si ce n'est dormir, quand la vie intellectuelle est absente et que l'heure du travail est passée? Encore quelques pas, et nous entrions chez notre hôte, M. X.

On nous attendait avec impatience. C'était une hospitalité de chasseur qu'on nous offrait; hospitalité sans façon, pleine de liberté et de charme. Ma foi, nous en usâmes pour aller nous coucher le plus tôt possible, non sans avoir fait soigner convenablement nos chiens.

Un chasseur ne doit jamais négliger ce soin, s'il veut que son fidèle compagnon soit capable de supporter toutes les fatigues d'une rude journée de chasse. Il faut qu'il puisse passer une bonne nuit et ait une nourriture saine et confortable.

Le lendemain, avant les premiers rayons du soleil, nous fûmes réveillés par notre digne hôte, déjà guêtré et costumé.

— Haut la patte, messieurs, nous dit-il. Quand on veut trouver la pie au nid, il faut s'y prendre de bonne heure. Le garde est là ; son rapport, excellent. Je vous promets une remise de coqs, toute la volée complète.

Nous accueillîmes cette nouvelle avec des cris de joie. Un instant après nous étions tous debout. Mais ne pressez pas le départ, jeunes chasseurs. Il vous reste bien des choses à faire, et, comme le vieux soldat qui, le matin d'une bataille, passe la revue de son sac et de ses munitions, examinez bien votre carnier, inspectez scrupuleusement votre arme : tout est-il en ordre ?

Le succès est à ce prix. N'oubliez pas la tartine fourrée et la gourde à l'eau-de-vie. L'heure sonnera la faim dans la bruyère, dont l'air vif est un fameux verre d'absinthe pour l'estomac, et vous serez bien heureux de casser une croûte.

Souvenez-vous aussi de votre griffon, de votre épagneul, et ne craignez pas de vous charger à son profit de quelques morceaux de pain. Ne faites pas comme certains chasseurs qui soutiennent que le chien à jeûn chasse mieux que le chien bien lesté. Il se pourrait que l'animal affamé vous jouât quelque mauvais tour.

Il me souvient d'un mien ami, qui, partageant cette niaise opinion, avait un grand diable de chien mal nourri. Aussi revenait-il souvent bredouille quoiqu'il fût excellent tireur. Voici ce qui arrivait :

Abattait-il une caille, un perdreau dans un fourré quelconque, le chien, loin de l'œil du maître, l'engouffrait prestement sans faire grâce d'une plume. Il était devenu tellement habile à exécuter cette manœuvre qu'on fut longtemps sans s'en apercevoir. Aussitôt la pièce tombée, mon ami se mettait à quêter vivement, à fouiller les buissons, mais on se doute bien qu'il ne la rencontrait jamais. Le rusé riait dans sa barbe des impatiences de son maître, qui, au lieu de sacrer tous les saints et tous les Belzébuth du monde éthéré et infernal, aurait bien mieux fait de se rappeler cet adage de l'immortel Lafontaine :

Ventre affamé n'a pas d'oreilles,

qui, en fait de chiens d'arrêt, veut dire aussi n'a

pas de rapport. Mais ne tombez jamais dans l'excès contraire. Un chien trop chargé de soupe cherchera l'ombre pour y faire sa méridienne et sa digestion, absolument comme un bourgeois flamand qui vient d'incorporer cinq litres de faro ou plus.

Il n'y a rien de plus gai qu'un départ de chasse dans ce bel et sauvage pays des Ardennes béni de saint Hubert.

En quelque lieu que vous soyez, des vues admirables s'offrent à vos yeux. Au loin, de hautes montagnes boisées avec des teintes bleues qui se fondent dans l'azur du ciel; à vos pieds, un torrent qui rugit dans son lit étroit, de vieux saules sur les bords, des côtes fleuries, une roche nue, une infinie bruyère, un toit qui fume, des troupeaux, et le pâtre qui chante aux échos des forêts sa douce joie ou ses chagrins d'amour.

C'est charmant, et cependant le chasseur ne songe guère à ce pittoresque paysage. Il en subit le prestige involontairement, mais toute la tension de son esprit se fixe sur la chasse seule.

Le fusil sur l'épaule, le cœur plein d'espoir et la pipe à la bouche... Pardon, mesdames, nous ne sommes pas dans un salon, et, après vous, le tabac est ce que le veneur préfère, sa passion à part. On marche riant, jasant, rêvant et questionnant le garde, qui est une puissance que chacun veut se rendre propice.

Michel est le nom du vieux garde qui nous accompagne. Il a, comme tous les gens de son espèce, l'air narquois ou bête à volonté. Ancien braconnier de profession, il connaît son gibier et son pays comme le lapin son terrier.

On se demandera certainement comment il se fait qu'un braconnier, jadis incorrigible comme Michel, soit devenu garde, et par quel hasard on a confié au loup la protection des brebis?

Voici ce que nous a raconté à ce sujet Michel lui-même pendant le court trajet qu'il nous restait à parcourir avant d'arriver aux remises de coqs.

— Si jeune que j'étais, nous dit le garde, la chasse a toujours été ma passion. Je tendais des collets jusque dans le jardin du bourgmestre de la commune, et si le brigadier de la gendarmerie trouvait sa grivière ravagée, c'était moi qui avais fait le coup. Bien souvent mon père m'a donné des taloches pour me dégoûter de ma passion. Ah! bien oui! je recevais la correction paternelle, et je n'en mettais pas moins de moussettes pour cela. C'était un goût décidé, quoi!

En grandissant, je devins rusé, adroit. Il n'y avait dans le canton aucun lièvre qui ne fût de ma connaissance, aucune nichée de coqs dont je ne susse le gîte. On me mit à l'école, mais je n'étais pas is bête que d'aller me casser la tête pour devenir savant. Le maître me menaça de tout dire à mon père. Je lui portai le lendemain un beau lièvre qui pesait bien dix livres, un fameux. Le finard ne souffla plus mot, et, à la reddition des prix, j'eus celui de calcul. Mon père me crut corrigé; mais un jour, un parent à nous vint faire visite à mon père. Le vieux voulut lui montrer mon savoir, et mon satané parent de m'interroger aussitôt sur l'arithmétique.

— Petit, dit-il, en levant les mains ouvertes, combien de doigts?

— Dix, que je répondis.

Mon père était le plus heureux des hommes, mais cela ne devait pas durer longtemps.

— Petit, continua mon parent, deux multipliés par sept, combien ça fait-il?

— Dix, que je réponds encore, puisque ça m'avait si bien réussi.

— Plaît-il? dit mon père.

— Hein? dit mon oncle.

Je répétai le mot : « Dix. »

— T'es bien sûr? dit mon père.

— Aussi certain que vous êtes mon papa.

Je n'avais pas achevé cette phrase que je reçus une taloche sur le nez à me faire voir dix millions de chandelles, puis une autre, et puis tant d'autres que je perdis la tête et m'enfuis de la maison, sans demander le reste à mon père, qui, furieux, me criait sans cesse : « Additionne-moi, polisson, toutes ces taloches-là, ou ne reviens à la maison de ta vie! » Le nombre en était trop grand, et j'aimai mieux n'y retourner jamais. Habitué à la dure existence de l'Ardenne, il ne me fut pas difficile de vivre quelques jours dans le bois de chasse et de rapine. Enfin j'entrai dans une bande de fraudeurs. En voilà un métier étourdissant! Que de bons tours nous avons joués à ces pauvres douaniers! que de beaux écus blancs nous avons fait danser, rouler et gigoter! Mais n'y pensons plus. Ce sont mes péchés de jeunesse, et je voudrais les oublier. J'ai quitté le métier depuis longtemps, et je n'en ai pas chagrin. Après la chasse, voyez-vous, messieurs, dit Michel en se tournant vers nous, la fraude est une des plus grandes passions de certains hommes; mais tout le monde ne peut pas être chasseur, il faut une aptitude naturelle; on naît avec ce goût-là dans le cœur, c'est une destinée, tandis que la fraude, on peut l'apprendre.

Aussi j'ai braconné toute ma jeunesse malgré mon père, les gardes, les gendarmes et la loi. J'aurais chassé, la potence eût-elle été là avec son grand bras maigre et sa griffe de chanvre pour me saisir au sortir du bois.

Ce n'est pas pour dire, mais les lièvres diminuaient tellement que propriétaires et locataires de la chasse se donnaient au diable pour me faire pincer. Les gardes étaient sur les dents, et la gendarmerie maugréait et sacrait que ça faisait plaisir à entendre. On me dressait des embuscades, j'étais suivi, mouchardé, et, quand ils croyaient me tenir, je leur glissais dans la main comme une anguille d'Emblève; mais tout a une fin ici-bas, me disait souvent le garde Gaspard, le plus acharné de mes ennemis.

Un soir, continua Michel d'une voix plus triste, j'étais sorti du village par un beau clair de lune, un vrai temps d'affût, et je me dirigeais vers un taillis bien connu des lièvres, qui se plaisent à venir y faire l'amour, lorsque à peine entré sous les bouleaux, j'entendis non loin de moi un craquement de branches. « Oh! oh! me dis-je, ce n'est pas un gibier qui fait pareil vacarme. Il y a du bonnet à poil là-dessous. »

Me glisser dans les genêts fut l'affaire d'un instant.

J'y restai une heure sans bouger, l'oreille au guet et l'œil ouvert. Rien ne remuait plus. « Que t'es bête, Michel, me dis-je enfin. C'est peut-être le vent qui a parlé, et tu as peur comme une femme. »

Je me lève, et, me glissant, le fusil sous le bras, hors de mon refuge, je m'achemine avec précaution vers l'endroit le plus propre à exécuter mes projets d'affût.

Le rossignol chantait de sa mélancolique voix ses plus tristes refrains, et la lune éclairait de ses pâles rayons les vieux chênes de la forêt.

Je m'embusque derrière un buisson. Toute crainte avait disparu, j'étais heureux que c'est à ne pas croire à un tel bonheur.

Il me semblait voir déjà quelque gros lièvre rouler sur la bruyère, la tête fracassée et battant l'air de ses longues pattes. Quelle jubilation ! Un léger froissement des feuilles retentit à mon oreille.

C'était lui, ce lièvre que je rêvais. Tout mon esprit, voyez-vous, était dans mes yeux. Je le vois, trottant, la tête haute et la queue retroussée. L'ajuster, le tuer est l'histoire d'une minute. Il ne dit pas un mot. Il avait vécu.

Je m'élance pour le saisir. C'est le garde Gaspard que je rencontre, debout devant moi. Il riait, le malheureux !

« Tu y es, Michel, qu'il me dit; c'était pas plus malin que ça, mon vieux. Te voilà pincé, finard! »

Ces moqueries étaient comme autant de soufflets qu'on m'appliquait sur la figure. Le sang me montait à la tête, et je ne pouvais pas fuir.

« C'est dommage! continua-t-il ; le coup était beau, mais c'est ton dernier.

— Gaspard, répondis-je, ne ricane pas si haut; nous ne sommes que deux ici, et tu pourrais bien t'en repentir.

— Bah ! tu n'es pas le diable!

— Non, mais je ne suis pas meilleur.

—Allons, je ne te crains pas; marche avec moi. Cette fois tu n'iras plus te vanter de m'avoir fait courir pour rien.

— Tiens, Gaspard, dis-je, tu es un brave homme. Tu sais que j'aime autant mourir que d'aller en prison, que de ne plus chasser, que de quitter nos bruyères. Les messieurs ont toujours assez de gibier pour leurs plaisirs; ce n'est pas un si grand crime pour un pauvre paysan de tirer un lièvre; laisse-moi aller, camarade.

— Non, dit-il; je te tiens, je te garde.

— Tu es père de famille, Gaspard. Ton fils sera peut-être chasseur un jour, et il sera bien heureux s'il rencontre un bon cœur de garde qui lui pardonne. Laisse-moi aller.

— Non.

— Tu ne veux donc pas?

— Non! On dirait que tu as peur, dit Gaspard en s'approchant.

— Peur! m'écriai-je en relevant mon fusil; peur, malheureux! Ne fais pas un pas de plus! »

Gaspard n'était pas poltron. Mon geste ne l'arrêta pas, et sa main s'étendait déjà vers moi lorsque je le mis en joue.

Une, deux, trois : le coup partit.

CHAPITRE VII

Une histoire interrompue. — Une remise de coqs. — L'adresse des chasseurs. — Une question inutile. — Un maître chien. — Une mauvaise chienne. — Départ des coqs. — Un double coup. — Un coup double. — Un jeune chasseur. — Le déjeuner. — Fin de l'histoire de Michel. — Coup de théâtre.

Tous les yeux se fixèrent avec effroi sur Michel, qui, l'air soucieux, lançait de fortes bouffées de tabac de sa vieille pipe culottée. Tout-à-coup il s'interrompit : « Messieurs, dit-il, nous approchons d'une remise ; tenez vos chiens au plus près. Si je ne me trompe, voilà mon brave *Médor* qui se ressent.

— Et Gaspard, dit Alfred étonné de la brusque transition du garde, que devint-il après votre coup de fusil ?

— Oh ! répondit Michel, je vous dirai plus tard la fin de l'histoire. Il ne faut pas perdre son temps en paroles et surtout faire du bruit quand on ne veut pas que le gibier échappe.

> L'homme n'a qu'une langue, et, soit dit sans reproche,
> C'est encor trop pour lui s'il ne la met en poche.

C'était Joseph M.... qui nous gratifiait de cet aphorisme, puisé dans les classiques de chasse, qu'il connaissait beaucoup mieux, il l'avouait avec modestie, que les classiques de la tragédie française.

Nous étions campés à l'entrée de la bruyère, dans un taillis peu élevé et tapissé de hauts genêts et de myrtilliers, un vrai salon de coqs. Il s'agissait de prendre la remise à bon vent et de marcher en ligne à portée de fusil l'un de l'autre.

Michel, en stratégiste habile, nous eut bientôt donné ses instructions.

« Les coqs, nous disait-il, ne sont pas difficiles à tuer; il ne faut que savoir s'y prendre. Ils se laissent abattre comme des poules de basse-cour. Seulement ne vous effrayez pas du bruit qu'ils font en s'envolant. Voilà le Pont-aux-Anes. Quant à bien viser, messieurs, je suppose que vous êtes tous très-adroits. »

Aucun de nous ne protesta, mais tout chasseur, en me lisant, trouvera cette phrase inutile. Un chasseur avouerait plutôt une petite infamie qu'une maladresse naturelle.

Tous, nous tirons parfaitement, c'est notre moindre qualité, et s'il arrive qu'en présence de témoins nous fassions ce qui s'appelle en langage de chasse des *brouettes*, il est certain que notre gibecière, toujours bien fournie en raisonnements de toute sorte, nous offrira les moyens de les expliquer toutes à notre plus grande gloire.

Les chasseurs sont un peu comme certains guerriers qui n'ont jamais été vaincus sans trahison : ceux-là n'ont jamais manqué une pièce sans en accuser, soit le fusil, soit le chien, soit le temps, tout, si ce n'est leur maladresse. Le plus modeste vous dira s'il *brouette* un perdreau : « Je tire parfaitement le poil. » Si c'est un lièvre qui échappe à son plomb : « Je ne manque jamais la plume. » Combien n'y en a-t-il pas qui se reconnaîtront dans ce portrait!

Le garde nous ordonna d'avancer. Il se plaça à l'aile gauche de la ligne de bataille, et hommes et chiens, silencieux et attentifs, se mirent en marche pleins d'espoir et pris d'une douce émotion.

On n'entendait que le bruit de nos pas et de temps en temps la voix en sourdine de l'un de nous qui rappelait son chien trop ardent : « Tout doux, *Diane;* ici, *Pan;* passe. » Médor seul, le chien de Michel, n'avait besoin d'aucun encouragement, d'aucune réprimande.

Le nez au vent, la tête haute, il quêtait horizontalement, s'arrêtant quelquefois pour aspirer, par ses narines dilatées, les bouffées de la brise et les passer au filtre de son odorat. C'était un maître chien.

S'il lui semblait ressentir quelque émanation du gibier, il tournait la tête vers le garde, et une conversation magnétique s'échangeait entre eux sans un mot.

Jamais il ne s'était trompé, jamais Michel n'avait usé envers lui des rigueurs dont tant de chasseurs abusent sur de pauvres animaux que l'ignorance du maître a souvent rendus mauvais et capricieux.

Tout-à-coup, Pan, mon griffon, tomba en arrêt. Je levai mon fusil, signe d'avertissement très-utile autant pour engager vos camarades à se rapprocher que pour les renseigner sur votre position et les empêcher de vous envoyer une bordée de plomb, ce qui arrive malheureusement trop souvent dans la chasse aux bois. Chacun se rabattit vers moi, tenant son chien au plus près.

Michel seul s'arrêta sur la lisière du taillis. Il continuait, parbleu! à fumer tranquillement son démocratique brûle-gueule et sans paraître s'inquiéter le moins du monde de notre manége.

A peine Joseph M... et Alfred D... se trouvèrent-ils à quelques pas de moi que Pan, mon brave Pan, commença à s'inquiéter sur place. Il marquait évidemment l'éveil du gibier, que l'œil du chien magnétisait. Alfred D..., la tête penchée, l'arme haute, semblait pétrifié d'émotion et de bonheur.

Tout-à-coup Diane, cette chienne des chiennes, emportée par une jalousie assez commune à la race canine, s'élança en avant comme la tempête. Comme la tempête aussi une magnifique compagnie de coqs s'éleva du taillis avec un bruit d'ailes formidable. Joseph et moi nous tirâmes en même temps. Un coq tomba. Mais aussitôt deux coups de fusil mathématiquement distancés retentirent non loin de nous.

— Et de deux, dit notre hôte.

— Deux quoi ? répondis-je.

— Mais deux coqs donc, que ce finard de Michel vient d'abattre.

— Pour votre service, monsieur, dit le garde en arrivant de son pas compassé et lent. J'ai choisi les plus jeunes, comme les plus tendres.

— Où donc sont-ils ? m'écriai-je avec un air de doute. Les avez-vous ?

— C'est l'affaire de Médor. Tenez, le voici précisément qui va vous les offrir.

Comme le garde achevait, Médor, heureux comme le prince des chiens, arriva au milieu de nous, tenant dans sa gueule, et avec une délicatesse de petite fille qui porte un collier de perles fines, deux superbes tétras encore vierges, style de menu d'hôtel. Le chien regarda Michel, et Michel, après avoir regardé le chien, tourna les yeux vers notre hôte. Médor avait compris. Il vint se placer devant ce dernier, et, sans hésiter un instant, s'assit sur son derrière — le mot est permis quand il s'agit d'un chien — et déposa à ses pieds les deux nobles victimes de Michel.

Scène charmante, où je ne savais ce qu'il fallait admirer le plus, de Médor, qui était si bien dressé, ou du maître qui lui avait appris de si belles manières.

— Tu n'as donc point tiré? dis-je en me retournant vers Alfred D..., qui était en train d'administrer à sa trop vive Diane une correction rétrospective.

Le pauvre garçon perdit tout-à-fait contenance, et balbutia qu'il avait craint de blesser l'un de nous, que sa chienne, en pointant, avait failli le renverser, et qu'enfin les coqs étaient trop loin lorsqu'il aurait pu mettre en joue.

— Ne vous désolez pas, Alfred, dit notre hôte avec une grâce parfaite, l'occasion perdue se retrouvera plus tard. Seulement je vous conseille de confier votre chienne à Michel, qui la tiendra en laisse. Chien qui pointe est un mauvais chien à la chasse aux coqs.

— Je chargerai Médor de tailler de la besogne à monsieur, dit Michel en souriant : c'est partie remise, soyez-en certains.

La parole du garde ramena la joie sur le front soucieux d'Alfred.

— Tout le monde est satisfait, dit Joseph ; déjeunons.

— Déjeunons! répétâmes-nous, en nous asseyant sur la bruyère, tapis moelleux et odorant qu'on ne trouve qu'en Ardenne.

Il faisait un temps magnifique. Le soleil ne dardait pas encore ses langues de feu sur nos têtes, et un vent frais venait par bouffées nous rafraîchir comme un immense éventail invisible.

Le déjeuner est une des plus douces jouissances qu'on puisse goûter dans une rude journée de chasse. C'est un quart d'heure à cheval sur le bonheur satisfait et sur l'espérance. Compte-t-on dans la vie beaucoup de moments pareils? L'esprit est sans préoccupation : il n'en faut pas davantage pour faire bon accueil à la faim qui arrive. Alerte les gourdes, en avant les tartines fourrées de jambon, et n'oubliez pas vos chiens, messieurs, vos chiens, qui sont là devant vous à remuer la queue, langage muet, mais que tout chasseur sait comprendre.

Jamais repas ne fut plus gai.

Les gourdes voyageaient à la ronde, entre deux propos joyeux, et un banquet splendide n'aurait pu exciter plus agréablement l'appétit que les excellentes tranches d'un jambon de Bastogne, produit renommé de cette admirable Ardenne, arrosées d'un bon verre de cognac, si nécessaire à ceux qui bravent les intempéries du ciel et l'air vif des hauts plateaux de notre pays.

— Et l'histoire de Michel? dit Alfred; il me

semble qu'il pourrait bien la terminer en ce moment.

— Si monsieur le permet, répondit le garde, je vous ferai la fin de mon récit.

Notre hôte lui donna son entière permission, et, assis en cercle autour du vieux braconnier, le cigare à la bouche, nos fusils entre les jambes et nos chiens à nos pieds, nous attendîmes qu'il prît la parole.

— Je crois, dit enfin Michel d'une voix émue, que j'en suis resté au moment où je lâchais la détente de mon fusil sur le garde Gaspard. Ce pauvre homme vit la mort sans trembler. Heureusement qu'elle passa près de lui sans le toucher.

Une main inconnue m'avait saisi le bras quand le coup partit, et mon plomb alla briser les branches des arbres à quelques pouces de la tête du garde. Je me retournai plein d'effroi et de rage.

« Misérable ! dit celui qui venait de m'empêcher de commettre un crime, n'as-tu pas honte d'assassiner un honnête père de famille qui n'a fait que son devoir en t'arrêtant. Bas les armes ! »

Je laissai tomber mon fusil à mes pieds, et, à l'idée de l'horrible action que je venais de tenter et qu'on me rappelait avec tant de justice, je me mis à pleurer comme un enfant, sans pouvoir trouver un mot à répondre.

— Pleurs, continua cette personne, pleurs ton

crime, et fasse le Ciel que tu te repentes jusqu'à ton dernier jour d'avoir cherché à arracher la vie à ton semblable pour cacher ta funeste passion et échapper au châtiment que tu mérites ! »

Gaspard se tenait silencieux près de nous.

« Faites-moi arrêter, condamner, répondis-je au milieu des larmes, j'ai mérité la mort. Gaspard est un brave homme, et je suis un misérable, un brigand, un assassin. »

Mon désespoir était vrai, messieurs, sincère en tous points, car je n'ai pas le cœur cruel, et j'aurais donné ma vie pour racheter cet instant de colère. Que vous dirai-je? celui que j'avais voulu tuer fut le premier à intercéder pour moi, et, comprenant la gravité du jugement qui m'attendait, si j'étais livré à la justice, il implora le témoin de mon crime pour qu'il ne me fît pas arrêter. Je voulais, moi, être puni comme je le méritais. Le combat fut long, car Gaspard avait une âme généreuse, » ajouta Michel en essuyant ses larmes, qui coulaient sur ses vieilles joues ridées.

Nous étions tous très-émus.

« Ah ! monsieur, reprit Michel en s'adressant à notre hôte, vous savez le reste...

— Et je le raconterai moi-même à mes amis, répondit M. X. : ce sera la récompense de ton honnêteté et de ton repentir, mon vieux Michel.

En somme, messieurs, le bon génie l'emporta.

et, à la prière de Gaspard, on pardonna à Michel; mais une terrible punition lui fut infligée, avec menace, à la moindre infraction, de le faire appréhender au corps. Lui, l'homme sans frein, le fraudeur, le braconnier, fut condamné à casser les pierres sur une route pendant deux ans sans avoir le droit d'entrer jamais dans aucun cabaret, avec défense de remettre le pied dans la bruyère et la forêt, et de prendre d'autre nourriture que du pain et de l'eau.

La surveillance la plus sévère ne parvint pas à le prendre en défaut. Le pauvre diable eût doublé la punition plutôt que de s'y soustraire, et sa conduite fut bientôt citée comme exemple à toute la commune. Il rachetait enfin cruellement sa faute.

Un jour Michel vint trouver l'homme qui lui avait infligé ce travail forcé de deux ans. Reçu avec sévérité, il se mit à trembler de tous ses membres sans oser ouvrir la bouche.

« Que veux-tu? lui demanda M... brièvement.

—Je viens vous..... demander une chose qui..... que... répondit Michel...

— Approche-toi, et, si elle est juste, je te l'accorderai.

Michel raconta alors qu'il venait d'apprendre que Gaspard était gravement malade et que sa famille et ses quatre enfants ne se trouvaient pas dans l'aisance ; qu'à cette nouvelle, lui, Michel, avait pensé qu'il ne pouvait mieux faire que de consacrer le produit de son travail à soulager la misère de Gaspard, mais qu'il désirait que M..... voulût bien se charger de porter à cette famille infortunée les 200 fr. d'économie qu'il avait.

— C'est très-bien, cela, » dîmes-nous en chœur.

A cette approbation, le vieux garde baissa les yeux, lâchant de rapides bouffées de tabac et en se détournant pour cacher son émotion.

« Que vous dirai-je ? reprit notre hôte. L'offre fut acceptée. Malheureusement Gaspard mourut, et ne connut jamais la bonne action de Michel. Celui-ci fit pourtant mieux encore : à dater de cette époque, tout ce qu'il gagna, il en fit don à la veuve et aux enfants de Gaspard, pauvres orphelins sans ressources. Pendant plusieurs années, Michel a consacré son travail à cette bonne œuvre sans jamais demander à être relevé de la punition qui lui était imposée. Elle avait cependant duré assez longtemps, et la justice des hommes avait lieu d'être satisfaite.

M..... se dirigea un beau matin vers l'endroit où travaillait l'ancien braconnier. A son aspect, Michel suspendit son dur labeur et se découvrit.

« Aimes-tu encore la chasse, Michel? dit M..... »

A cette question, la vieille passion de l'ouvrier se ralluma tout entière. Il pâlit, et de grosses gouttes de sueur perlèrent sur son front ; mais, reprenant toute son énergie, Michel répondit avec fermeté :

« Je ne chasserai jamais plus, monsieur, et n'eussé-je pour vivre qu'à tuer un lièvre ou un coq de bruyère, je ne le ferais pas. J'aimerais mieux mourir, reprit-il avec une voix sombre. Je suis bien corrigé, soyez-en sûr.

— Tu chasseras et tu ne mourras pas, répondit son interlocuteur. Écoute, ta conduite est digne de récompense, et tu as su gagner ma confiance. La place de Gaspard est vacante, et j'ai pensé à toi pour remplacer ce pauvre diable. Veux-tu être garde, et tu auras un port-d'armes pour te mettre à l'abri de toute pensée de braconnage ? »

Michel tournait et retournait en tous sens son bonnet, absolument, messieurs, comme il le fait en ce moment de son vieux chapeau.

« Eh bien ! le veux-tu ? Réponds. »

Il ne pouvait en croire ses oreilles, et je suis certain qu'il voyait courir devant lui tous les lièvres de la commune et voler en troupes nombreuses au-dessus de sa tête tous les coqs de nos bruyères. Enfin, il recouvra la voix :

« Merci, monsieur, répondit-il, mais si j'accepte la place de Gaspard, croyez que ce n'est pas pour le bénéfice qu'elle rapporte. Si vous consentez à me laisser partager avec sa famille le gage qu'on me donnera, oh! alors, je n'aurai plus de raison pour refuser. »

Inutile de vous dire qu'on accepta cette offre, et que depuis lors ce brave Michel que voilà est le père nourricier de la veuve et des orphelins du garde Gaspard.

— Bravo! s'écria Joseph en se tournant tout ému vers le garde. Tu es un digne homme, et je suis fier de te serrer la main. »

Il la lui pressa vivement, et Michel, confus de tant d'attentions, n'aurait certes pu, à ce moment-là, ajuster un chevreuil au gîte sans craindre de le manquer. Chacun le combla d'éloges.

« Je n'ai fait que mon devoir, dit-il, rien que mon devoir.

— Et ce maître généreux, quel était-il? ajoutai-je.

— Oh! pour celui-là, il désire garder l'incognito, reprit notre hôte, et d'ailleurs j'ignore son nom.

— Et moi, je ne l'oublierai jamais, s'écria Michel en se précipitant vers M. X.. Mon sauveur, mon bienfaiteur, messieurs, le voici. »

CHAPITRE VIII

Attendrissement général. — Réflexions philosophiques. — La quête des coqs. — Ruses d'Ardennais. — A diplomate, diplomate et demi. — La traque en Ardenne. — Un coquin de propriétaire. — Un bon arrêt.

Le coup de théâtre fut complet et l'émotion à son comble. Je crois même avoir vu plus d'un pleur glisser le long des joues poilues de nos chiens attendris. Tout le gibier des bruyères eût passé au milieu de nous sans courir le moindre danger, tant cette scène avait occupé nos esprits.

C'était un concert de louanges à n'en pas finir. Heureusement que notre hôte, pour se soustraire à l'ovation que nous lui décernions, se hâta d'y mettre fin en gagnant le taillis armé de son fusil.

« Voilà ce qui me console d'être homme, dit Joseph M... De pareils faits rajeunissent le cœur.

— Et prouvent que le plus mauvais garnement peut devenir un honnête homme, ajouta Alfred; il ne s'agit que de le mettre dans la bonne voie.

—Un philosophe n'aurait pas mieux parlé, n'est-ce pas votre avis, Michel ?

— M'est avis, monsieur, me répondit le garde, que si M. Alfred désire abattre un coq, nous ferons bien de suivre mon maître. »

Le déjeuner était achevé, notre curiosité satisfaite, les chiens reposés; c'est assez dire que la proposition du garde fut accueillie avec une unanimité qu'on rencontre rarement dans les décisions de nos assemblées parlementaires, alors même que l'intérêt public est en jeu. Nous n'étions pas, il est vrai, des hommes politiques, et cela explique tout.

Il s'agissait de retrouver notre compagnie de coqs, et ce n'est pas chose facile quand l'épaisseur du bois vous a caché la direction que ces oiseaux ont prise. Avec un garde comme Michel et un chien comme Médor, nous ne doutions pas cependant du succès. Napoléon et son fidèle Berthier ne captaient pas plus complètement la confiance des vieux grognards que le grand capitaine avait vingt fois conduits à la victoire.

Nous arrivâmes bientôt sur le haut de la montagne, non sans avoir eu mille difficultés à traverser ces champs épais de genêts qui avoisinent les forêts des fanges ardennaises. Nos chiens guettaient en tous sens dans les broussailles sans rien ressentir.

Médor seul suivait son maître aux talons, tandis que Diane, tenue en laisse et étourdie comme toujours, lui faisait des cajoleries fort bien goûtées entre chiens, mais qui nous paraissent à nous singulières.

« Holà, dit Alfred à un paysan qui travaillait dans son champ; n'avez-vous pas vu se remettre une compagnie de coqs? »

Le campagnard interpellé répondit qu'il n'avait rien vu.

« Et vous ne savez pas où ces oiseaux se tiennent d'habitude? continua Joseph M...

— Je crois bien qu'il y en a là-bas sur votre droite; mon garçon les a fait lever, il y a quelques jours, en menant les vaches à la pâture.

— Merci, dit Michel.

— Il n'y a pas de quoi, dit le rustaud en se remettant à la besogne. Bien à votre service, père Michel.

— Enfin, reprit Alfred, nous voilà renseignés. Marchons donc vers ce taillis.

— Tout doux, mon bon monsieur, objecta le garde, c'est précisément le contraire que nous devons faire. Ce paysan est un bricoleur de ma connaissance, et il n'est pas si fou que de vous renseigner les remises des coqs. Son but a été de nous tromper, et il a très-bien vu le volier dont vous lui avez parlé. Il nous dit d'aller à droite, marchons à gauche. Je suis certain que ce rusé nous épie en ce moment pour voir l'effet de la bourde qu'il nous a contée.

— Michel a vingt fois raison, ajouta notre hôte. Les paysans des Ardennes sont les plus madrés des diplomates, et Talleyrand et Metternich — je ne parle pas des diplomates d'aujourd'hui, qui auront certainement leurs grandes entrées en paradis — eussent trouvé en eux de sérieux adversaires.

Jamais ils n'ouvrent la bouche que pour ne pas vous dire ce qu'ils pensent, et, si vous vous laissez duper une fois, vous êtes un homme perdu. Quel bon tour ne m'ont-ils pas joué?

Un jour, nous faisions des battues aux chevreuils; les rapports des gardes étaient excellents, et nos traqueurs en apparence pleins de zèle. La traque commença. Dans la première enceinte, rien; dans la seconde, pas de chevreuil; dans la troisième, même résultat. C'était à en perdre la tête.

Tout-à-coup je vois trois chevreuils se raser doucement dans un petit bois. Ceux-là au moins ne nous échapperont pas. J'appelle mes compagnons; nous entourons le taillis; les rabatteurs sont placés en avant; les voilà partis.

Jugez de ma stupéfaction, de celle des gardes, lorsque, cette fois encore, nous faisons buisson creux! Je ne montre pas ma colère, mais je jure en moi-même que j'aurai le cœur net de cette trahison.

On commence une nouvelle battue. Je me glisse dans les fourrés du bois, et que vois-je? Nos rabatteurs faisaient un quart de conversion, et, au lieu de mener le gibier vers nous, le chassaient vivement loin des tireurs.

J'envoyai les gardes mettre ordre à cette mauvaise plaisanterie, et dès ce moment nous fîmes chasse. D'autres fois, ces rustres ont encore plus d'audace : ils placent des tireurs dans un taillis, et, tandis que vous attribuez les coups de fusil à vos compagnons, ce sont eux qui pelotent le gibier et vous rentrez bredouille. Michel vous en conterait bien d'autres.

— Certainement, monsieur, reprit le garde ; mais il y a des propriétaires qui montrent aussi un bien mauvais exemple aux gens de la campagne. Est-ce que M. Y.., par exemple, qui loue chèrement le droit de chasse sur ses propriétés, n'y fait pas exécuter des battues sèches la nuit qui précède l'arrivée des chasseurs locataires? C'est un moyen d'avoir toujours un canton giboyeux et un bon revenu.

— Voilà un fameux coquin! dit Joseph M...

— Et pourtant il n'est pas Ardennais, répartit notre hôte.

— Les coquineries n'ont pas de patrie, mon cher Joseph ; on en rencontre partout. »

C'est en devisant de cette façon que nous cherchions notre remise.

« Nous y sommes, dit tout-à-coup Michel, et voilà qui le prouve. »

Médor était en arrêt.

CHAPITRE IX

L'imprévu à la chasse. — Il ne faut pas même vendre la peau du lièvre après l'avoir jeté par terre. — Une habile manœuvre. — Waterloo renouvelé. — Faute d'une grosse ficelle. — Adieu les coqs. — Une condamnation à mort. — Un pardon. — Résultat de la campagne. — Le retour de chasse. — Points de vue des environs de Spa. — Les abbés de Stavelot. — Le coq, la joie du festin. — Servez chaud.

C'est à la chasse qu'il faut toujours compter sur l'imprévu. Sans cela on se prépare bien des mécomptes. Tel qui part plein d'espoir de faire une bonne récolte revient le carnier vide, tel qui tient un gibier au bout de son fusil ne doit pas se vanter de le mettre par terre ; tel autre même qui saisit un lièvre par les oreilles n'oserait jurer que ce lièvre fera l'honneur de sa table. Cela me remet en mémoire une aventure qui m'est arrivée — c'est de l'histoire : je dis de l'histoire quoique le conteur soit chasseur et qu'on nous prête volontiers la réputation d'être quelque peu cousins de M. de Crac.

Un beau jour, je roule un superbe lièvre. Le ramasser, le peser dans la main avec fierté, le tâter avec joie et l'alléger par une douce pression d'un liquide inutile, sont pour moi l'affaire d'un instant.

Maître lièvre ne disait mot : il était bien mort. Je le glisse dans ma carnassière, et, comme je chassais non pour la gloire, mais pour la cuisine, je repris le chemin du logis, content de cette palme qu'attendait la ménagère avec impatience pour faire honneur à un ami qui, sans façon, s'était invité à dîner.

Vous dire que je faisais en marchant toutes sortes de rêves agréables est superflu. On allait vanter mon adresse, faire l'éloge de mon chien, me décerner enfin une pluie de louanges si douces à l'oreille.

Tout-à-coup je sens une forte bourrade qui m'arrive dans le dos. Je me retourne, et que vois-je ? mon coquin de lièvre qui, s'étant glissé hors de mon carnier, filait comme une locomotive, les oreilles sur les reins sans crier gare et sans me dire adieu.

Revenu de ma stupéfaction, je lui envoyai deux coups de fusil et une grêle de malédictions. Il court encore, du moins je le présume.

Ne vous récriez pas, l'histoire est véridique, et beaucoup de chasseurs vous en conteraient bien d'autres toutes aussi incroyables et cependant tout aussi authentiques. Il n'y a rien d'impossible à la chasse, et il faut n'avoir jamais mis le pied dans un guérêt pour être incrédule. Ceci n'empêchera pas une foule de gens, qui, pour paraître esprits forts, s'empresseront d'accuser les chasseurs de hâblerie. C'est de bon ton aujourd'hui de faire le saint Thomas en toutes choses. Mais revenons à Médor, qui s'ennuie sans doute comme le lecteur de rester si longtemps en arrêt.

Michel comptait bien nous faire démonter quelques coqs de bruyère dans cette nouvelle bataille que nous allions leur livrer.

Le terrain était propice, quoique quelques arbres touffus pussent dérober le gibier à nos coups. Aussi pressâmes-nous le pas pour tourner la remise que nous indiquait l'intelligent Médor et nous rapprocher du bois, seul abri des coqs. Plus nous avancions, plus nous avions de chance de réussir dans notre manœuvre.

« Les coqs sont à nous, » dit enfin Michel en assurant son fusil dans la main.

Napoléon n'en avait pas dit davantage à Waterloo avant l'arrivée de Blücher. Paroles téméraires dans les deux occasions et qui furent suivies d'un bien grand revers. Elles étaient à peine prononcées par le garde qu'un malencontreux lièvre, se levant dans les jambes d'Alfred, fit faire à son chien, tenu en laisse par Michel, un effort suprême.

La ficelle cassa, et l'imprudente Diane — encore

Diane! — et le lièvre se précipitèrent, par un hasard malheureux, au milieu de la compagnie de coqs, et y jetèrent l'effroi. Avant que nous fussions arrivés à portée, toute la bande avait disparu dans les taillis voisins. Le désastre était consommé.

Il était écrit que la chienne d'Alfred serait notre mauvais génie dans cette journée, et que son maître n'aurait pas même le bonheur de mettre en joue l'ombre d'un tétras.

« Et dire, s'écria Joseph M..., que c'est moi qui ai sauvé la vie à cet animal-là !

— Il faut convenir, mon cher, dit notre hôte, que vous avez eu la main malheureuse.

— Tous les malheurs peuvent se réparer, » répondit Alfred, furieux d'avoir été, malgré lui, l'instrument de la mauvaise fortune du jour.

Et, en disant ces mots, il ajusta Diane, qui revenait tout essoufflée de sa poursuite.

« Oh ! monsieur Alfred, dit Michel, qui vous dit que cette pauvre bête est coupable ? A-t-elle reçu une éducation qui lui ait permis de discerner le bien du mal ? A-t-elle mérité la mort parce qu'elle a suivi instinctivement la voix de la nature ?

— Vous avez raison, répondit Alfred en relevant son arme ; le premier coupable, c'est moi, et j'allais agir comme ces millionnaires égoïstes qui n'ont pas de pitié pour les pauvres déshérités du monde, que l'ignorance et le besoin seuls font souvent coupables.

Diane obtint son pardon, mais dès ce moment la chasse lui fut interdite. Avec un chien de cette espèce, ami lecteur, non-seulement vous risquez toujours de revenir bredouille, mais même de condamner à cette honte vos meilleurs amis, et ce n'est pas chose agréable, quand on a fait vingt lieues pour tuer un tétras, et qu'on en a peut-être promis une aile à cette jeune vierge aux yeux bleus ou bruns que l'on aime presque autant que la chasse.

Vous seriez obligé, alors, pour sauver votre honneur et tenir votre parole, d'aller sans vergogne et discrètement chez le braconnier du canton pour lui acheter quelque coq pris au lacet et vous faire gloire du cadavre du pauvre assassiné. O honte!

Nous n'en étions pas réduits là, heureusement. Notre campagne aurait pu être plus fructueuse, c'est vrai, mais nous avions au moins, pour rentrer au logis, trois superbes tétras, résultats d'une victoire modeste et dont l'honneur revenait tout entier à Michel et à son intelligent Médor.

Je vous ferai grâce des détails d'un retour de chasse, à vous qui n'êtes peut-être pas chasseur et qui n'en comprendriez pas les charmes. Quelles conversations animées, quelles bonnes plaisanteries, quel échange de joyeux propos! Malheur au pauvre bredouille! A lui de subir les quolibets pendant la route, pendant le dîner, ce gai couronnement d'une belle journée de chasse; à lui quelquefois la rude tâche de servir à boire pendant tout le repas au roi de la chasse, ce héros d'un jour que l'adresse a couronné, si ce n'est le hasard! Pourquoi n'y aurait-il pas à la chasse des royautés de hasard? Il y en a bien ailleurs!

Cette gaîté fait oublier toute lassitude. On ne traîne pas la jambe après dix heures de fatigue comme un messager harassé; on marche comme un soldat qui a combattu toute la journée et qui est content de lui. Et pourtant le retour est rude quelquefois.

La poursuite du gibier vous mené loin, et il faut gravir des côtes et les descendre par d'âpres chemins. Les pays qu'habitent les coqs de bruyère sont surtout accidentés, et parmi eux il n'en est point de plus pittoresque et de plus sauvage que le territoire de la commune de La Gleize, voisine de Spa.

Là, c'est la vallée du Roannay, charmant ruisseau qui prend sa source dans les fanges et vient se jeter dans l'Amblève. Cette vallée est étroite, couverte de bois, peuplée de jolis villages, comme Le Ruy et Roanne. Plus loin, c'est la Neuville, hameau des pâtres, et, au-delà des bruyères, Francorchamps aux grands souvenirs mérovingiens, illustré par une victoire de Charles Martel. D'un autre côté, les hauteurs de Spa, les cimes des montagnes de Stavelot, la belle vallée d'Emblève et la cascade du Coo, si fréquentée par les touristes et les amateurs de truites saumonées, et enfin la Gleize sur la pente d'une colline, et le château de la Vaux-Renard, où venaient chasser les somptueux abbés de Stavelot.

Eux aussi affectionnaient la chasse aux coqs, et se montraient sévères dans la répression du braconnage relatif à ce gibier.

L'édit suivant était affiché sur toutes les églises de cette principauté : « Ne serat permis à nul de quelle qualité ou condition qu'il soit, de tirer d'arcque, arbalestre, harquebutte, pistollet ni autrement cocques ou pouilles de bois ou de bruyère, et encore moins de les prendre par des lacques, filets, lumières, ou autres indues manières quelconques, le tout sur peine de confiscation des arcques et autros, de quoi ils auraient tiré ensemble de dix florins d'or d'amende à commettre chaque fois qu'ils seront trouvés avoir contrevenus. »

Il faut convenir que ces abbés étaient encore assez bons princes. Michel le braconnier avait été plus sévèrement puni. Mais qui ne risquerait pas un peu sa tête pour ce volatile dont Carême, ce profond cuisinier, et Brillat-Savarin, ce gourmet convaincu et savant comme une académie tout entière, n'auraient parlé que chapeau bas, eux les grands d'Espagne de la gastronomie, si les tétras avaient été de leur intime connaissance?

Quel spectacle que celui d'un beau coq bien troussé, s'élevant sur un piédestal de rôties comme une immense pépite d'or, et sur lequel le feu a répandu les vives et chatoyantes couleurs d'un rayon de soleil! Quel fumet! quel parfum! Profanes, agenouillez-vous! Il n'est pas donné à tous les mortels de jouir de ce coup d'œil, qui n'est surpassé que par les charmes incomparables du coup de dent royal qu'offre la poitrine ruisselante d'un tétras cuit à point.

J'aurais compris Esaü vendant son droit d'aînesse pour un coq de bruyère, jamais pour un plat de lentilles. Décidément ce mangeur de fèves devait estimer bien peu ce droit qui a coûté plus tard, pour l'abolir, tant de sang à l'humanité.

Pardonnez-moi si je vous parle gastronomie, mais, entre la chasse et cette rare science du bien-manger, il y a deux traits d'union continuels : l'appétit et le gibier, et ces traits d'union deviennent un aimant irrésistible quand le gibier est un coq de bruyère de l'année, et que vous avez un cordon bleu doué d'une étincelle de ce génie qui a immortalisé Vatel, Brillat-Savarin, Laguipière, Berchoux, Carême, tous princes de l'art culinaire français, le premier, et les restaurateurs de cette vaste et importante science que Montaigne, tout enthousiasmé qu'il était des savantes dissertations de son ami le maître-d'hôtel du cardinal Caraffa, qualifia si énergiquement de *science de la gueule.*

Comme nous rentrons en de très-bonnes dispositions de notre chasse aux coqs et que notre hôtesse nous ménage une surprise des plus agréables, je ne vois rien qui s'oppose à ce que je vous invite à dîner. Vous acceptez...

— Mais...

— Pas de mais, je vous prie; entre chasseurs, on ne fait pas tant de façons.

— C'est que j'ai dîné.

— Je vous plains. Mais enfin, entrez toujours. Parbleu! c'est encore une jouissance que celle que procure le sens de la vue en présence d'une table servie d'une façon succulente et dont le fumet vous monte au nez de façon à faire dresser de bonheur les papilles de la langue et à chatouiller délicieusement les glandes salivaires du palais!

Voyez ce pauvre ouvrier qui casse sa croûte sur la voie publique; il ne choisira pas un endroit désert pour faire son repas: c'est devant l'étalage du marchand de comestibles qu'il se campera, assaisonnant son pain de la vue de poulardes truffées, de mayonnaises aux homards, de pâtés de foie gras, de filets de chevreuil, et, s'il a de la chance, du parfum de quelque fricot qui embaume l'air de la rue à travers les interstices d'une porte entr'ouverte. Les yeux, cher lecteur, sont la grande route de l'âme et de l'estomac. Grâce à eux, on peut aimer et dîner toujours.

Mais pendant que nous causons ainsi, la chaleur du festin se perd en fumée, et, sachez-le, un gibier refroidi est presque un cadavre. Il n'a pas plus de valeur qu'un cigare éteint ou qu'une jolie femme qui vient de déposer sur sa table de nuit sa trente-neuvième année et ses ossanores première qualité.

Servez chaud. Voilà le principal article du Code du cuisinier. Ne l'oubliez pas, mesdames.

CHAPITRE X

Le second service. — Le Malakof du diner. — Le Roi. — Pas de façons, s'il vous plait. — Une historiette de lord C... — Les désagréments d'un rôti froid. — Une bonne chair. — Le coq, manger des dieux. — Le coq sous les Grecs et les Romains. — Le coq sous Louis XIV. — Mme de Maintenon et deux tétras. — A quoi tient le sort d'une bataille. — Une deuxième portion de coq. — Une tache dans la gloire de Napoléon.

Nous sommes au second service. Deux candélabres étincelants de lumière répandent, dans un joli salon et sur une table confortablement servie, une clarté des plus réjouissantes. Un petit feu de bois résineux pétille dans l'âtre, et ses flammes joyeuses nous pénètrent d'une douce chaleur.

Dans les Ardennes, dès le mois de septembre, le feu est un indispensable compagnon de veillée, surtout pour des chasseurs qui ont été pendant toute la journée exposés au vent frais et vif de la bruyère et à l'humidité des fanges. Celui qui craint bien et les rhumatismes ne peut pas se passer des chaudes étreintes du foyer.

Notre hôte, qui connaît le pays, et sa femme, qui aime assez son mari pour ne pas lui souhaiter le plus petit accès de goutte, ont eu soin de ne pas oublier ce détail important. Tout est donc pour le mieux chez le meilleur des amphytrions.

Autour de cette table dont le linge, d'une blancheur argentée et du plus fin tissu de nos Flandres, disparaît sous ces mille choses qui font l'ornementation et la joie d'un festin, sont réunis les trois chasseurs que vous connaissez, M. X. et sa jeune et jolie femme, une femme comme j'en souhaite à tous les vrais disciples de saint Hubert, prévenante, aimable, ne boudant jamais et aimant la chasse par la seule raison que son mari l'adore. La gaîté brille sur tous les visages.

Nous en étions, je vous l'ai dit, au second service, point culminant d'un dîner confortable, le *Malakoff* contre lequel vous devez réunir les meilleures troupes de votre estomac, car je suppose qu'en général habile vous n'avez fait avancer contre le premier service que les tirailleurs de l'appétit. C'est l'heure des grandes entrées, un moment solennel, qui n'a son pareil qu'à la Cour lorsque le maître des cérémonies annonce : « Le Roi. »

Un silence éloquent coupa net notre conversation vive et enjouée. Le Roi entrait.

Il était étendu sur un large plat d'argent. Sa poitrine, blanche et dodue comme les épaules d'une jeune vierge à son premier bal, avait une teinte de rose et d'or qui nous séduisait d'une façon éblouissante. Autour de cette royauté culinaire s'élevait une auréole de gaz odorants qui embaumaient l'air de mille parfums délicats. Un cri d'admiration et de bonheur accueillit sa majesté le Coq de Bruyère.

Il n'est pas de roi qui ait une physionomie plus grandiose que celui-là; il décore une table à lui seul. Vraiment un diadème de diamants sur le front d'une jolie femme ne produit pas autant d'effet. C'est un plat hors ligne, et dont je vous conseille d'user dans les grands jours de votre existence.

Il vous en restera au moins un souvenir impérissable, et vos convives n'oublieront jamais le rare et splendide rôti qu'ils auront mangé chez vous. C'est un excellent moyen de donner de la mémoire aux gens. On perd de vue un bienfait, un bonheur, une femme aimée, jamais un dîner où l'on a servi du coq de bruyère.

« Veuillez prendre cette aile, je vous prie.

— Je n'en ferai rien, après vous.

— Allons donc!

— Pour Dieu! ne faites pas de ces façons-là, et servez-vous. La politesse est une belle chose, mais elle devient sotte, ridicule, presque criminelle, quand elle n'aboutit qu'à vous faire manger, à vous et à votre voisin de table, un morceau qui, refroidi, a perdu au moins la moitié de sa saveur. »

Cela me rappelle une histoire dont lord C..., qui habitait aux environs de notre bonne ville de Liége, et qui passait à juste titre pour un gourmet distingué, a été une des victimes.

Ce gentleman avait à sa table un ancien officier belge qu'il estimait beaucoup. On sert un faisan.

Le domestique présente l'assiette au militaire, qui, par excès de politesse, la fait offrir d'abord à lord C... Ce dernier, en homme bien né, veut que son vieil ami soit servi avant lui, et lui renvoie le valet.

L'ancien soldat, qui est entêté et impatient comme un invalide dont les jambes de bois sont atteintes de la goutte, n'en veut rien faire, et persiste dans son idée première. Mais lord C..., en sa qualité d'Anglais et de gentleman, ne cédera pas non plus.

Le domestique est atterré. Renvoyé comme un volant de raquettes, et de plus en plus rudement, par les deux vieux camarades, il n'ose plus bouger de place.

« Tu te serviras le premier, dit lord C... les yeux flamboyants, ou j'y perdrai mon nom.

— Par tous les diables! je te jure que ce sera toi, répond le militaire non moins vivement.

— C'est ce que nous verrons.

— Parbleu! oui, c'est ce que nous verrons.

— Il ne sera pas dit qu'un Anglais aura cédé devant un Belge.

— Tous les Anglais du monde ne me forceraient pas à changer d'idée, tout Belge que je suis! »

La conversation s'échauffait, mais il n'en était pas de même du faisan.

Au bout d'un quart d'heure, le rôt était froid et la sauce congelée et inodore.

« Emportez ce faisan, dit lord C... au valet, et dites à mon maître-d'hôtel d'en faire préparer un autre. J'espère au moins, reprit-il en se tournant vers son ami, que cette plaisanterie finira avec ce nouveau faisan.

— Je sais trop ce que je dois à lord C... pour plaisanter avec lui, dit le vieux soldat. Ce que je fais est très-sérieux, et je n'en démordrai pas. »

Le deuxième faisan parut, mais ni l'un ni l'autre ne voulurent se servir le premier.

« Un troisième faisan à la broche! s'écria lord C... en courroux, quand le second tourna à la glace.

— Décidément, se dit le domestique, mon maître est devenu fou. C'est heureux qu'il n'y ait plus qu'un faisan au garde-manger. »

Lord C... et son ami étaient au comble de l'animation. Le feu brillait dans leurs regards.

« Nous sommes deux vieux imbéciles de nous échauffer ainsi la bile, exclama enfin l'Anglais. J'en aurai certainement la goutte.

— Et moi, je souffre déjà de mon rhumatisme. Mais aussi, c'est ta faute.

— Goddam! je te dis que c'est la tienne ! »

La querelle allait recommencer de plus belle, quand lord C... s'écria :

« Je te joue ton entêtement à l'écarté en une seule partie.

— C'est une idée. L'enjeu est égal de mon côté.

— John !

— Le faisan n'est pas encore prêt, monsieur.

— Donnez des cartes, John, il ne s'agit pas de faisan. »

Et voilà nos deux convives qui entament la partie entre les verres et les bouteilles. Wellington n'était pas plus absorbé à Mont-Saint-Jean que lord C... ne l'était en mêlant les cartes. Son ami attendait avec anxiété la retourne comme Napoléon attendait Grouchy.

Les deux premiers jeux se terminèrent avec des chances diverses. Tantôt lord C... triomphait, tantôt le vieux soldat sonnait la victoire. Ils en étaient au troisième jeu lorsque le troisième faisan parut.

« Monsieur est servi, dit John.

— Le roi ! » s'écria triomphalement lord C... sans s'occuper du rôti.

Les deux adversaires se trouvèrent enfin quatre à quatre. Le moment était solennel. Le sort allait décider. C'était à l'Anglais de faire le jeu. Son vieil ami vida un grand verre d'eau, tant il était distrait par l'émotion. Il fit une grimace affreuse.

Lord C... y répondit par un sourire de bonheur et une exclamation trop crue pour vous être servie à table, cher lecteur.

La retourne était un roi. Il avait gagné la partie.

« Au faisan maintenant, s'écria-t-il, et sans rancune!

— Sans rancune, répondit le brave militaire, je te rends les armes. »

Hélas! le faisan était froid, sans saveur, détestable enfin. Il fut renvoyé à l'office. Voilà la moralité de l'histoire. Je vous conseille d'en faire votre profit. Quant à moi, je m'empressai de faire glisser sur mon assiette une aile de tétras sans plus insister.

« Le gibier tire une grande partie de son prix de la nature du sol où il se nourrit », a écrit Savarin. A ce titre seul, le tétras belge a une grande valeur, car le sol où il trouve sa nourriture est la patrie de toutes les plantes aromatiques et parfumées. Sa chair s'infiltre des sucs superfins de la myrtille rouge, du serpolet, de la bruyère, du genévrier, et s'injecte d'un sang pur et chaud que l'air des montagnes vivifie et renouvelle à chaque instant.

Quand le tétras est de l'année, cette chair est

blanche comme celle du faisan, mais moins sèche, plus fondante et bien autrement facile à digérer. Elle fait les délices du palais le plus délicat et inonde la bouche de jouissances.

Les Dieux de l'ancienne Grèce en rafolaient, et plus d'un fit des bassesses auprès de la blonde déesse de la chasse pour obtenir un des coqs de bruyère qu'elle venait percer de ses flèches jusque dans les forêts des Ardennes, où l'on finit par lui dresser des autels.

Diane, qui affectionnait les environs d'Arlon, y fit un tel massacre de tétras que, depuis lors, ces oiseaux ont disparu de cette contrée sauvage, mais très-propre à leur reproduction.

Je ne garantis pas ce fait, mais il m'a été raconté par un membre très-savant de la Société archéologique de cette ville, et je ne sais trop s'il appartient à un chasseur peu lettré de mettre en doute les assertions d'un antiquaire.

Vous souriez. Vous avez tort.

De tous temps, ce gibier fut en grande estime, et, à l'époque brillante où les arts et la cuisine florissaient à Athènes, le coq de bruyère parut sur les tables des disciples d'Épicure.

Aristote, Athénée ont parlé de cet oiseau en termes qui prouvent combien ses qualités alimentaires étaient haut cotées dans la gastronomie grecque. La chasse, le commerce même avaient appris à ce peuple raffiné l'excellence de ce volatile.

A Rome, le tétras avait également attiré l'attention des gourmets maîtres du monde, et, depuis Sylla jusqu'à l'irruption des barbares qui écrasèrent sous les pieds de leurs chevaux la domination romaine, les chefs-d'œuvre des arts et de la science culinaire, la Gaule et la Germanie payèrent aux consuls, aux généraux, aux empereurs, un immense tribut en gibier de cette espèce.

Mécène en fit connaître la saveur à tous les pique-assiettes qui chantaient ses louanges, et, à un festin chez Lucullus — un de ces festins qui coûtaient le revenu d'une province et comme Lucullus savait en donner — les poitrines de coqs de bruyère vierges obtinrent les honneurs du Capitole dans un concours où les raffinés du plat avaient à se prononcer sur la supériorité de divers mets alors très-renommés.

Et cependant on mangeait chez Lucullus des suprêmes de cervelles d'autruche et des quintescences de langues de rossignols. Pline s'est complu, au milieu de graves préoccupations, à parler de ce délicieux oiseau, aimé des Dieux.

A tous les âges, le tétras a joui d'une grande considération culinaire et a occupé de belles pages dans les livres de l'ornithologie et de la gastronomie. Plus tard, Aldrovante, Belon et d'autres savants eurent pour lui une touchante sollicitude. Malheureusement, chose à déplorer, ils s'occupaient bien plus de ses mœurs et de son plumage que de la manière de le préparer pour la plus grande joie des palais délicats. Buffon même, l'immortel Buffon, a commis cette faute.

C'est là une lacune que la postérité ne leur pardonnera jamais, et elle fera bien, car « la découverte d'un mets nouveau fait plus pour le bonheur du genre humain que la découverte d'une étoile. »

En somme, l'apparition du coq de bruyère sur les tables nobiliaires a toujours coïncidé avec les époques de civilisation et de progrès. Elle a même servi plus d'une fois de marchepied à l'ambition de certains hommes, et le comte Ferdinand de Marchin, très-mal en cour sous Louis XIV, ne dut qu'à deux coqs de bruyère de rentrer en grâce et peut-être d'obtenir le bâton de maréchal.

Tout le monde sait que Louis XIV, entre autres qualités, avait aussi celle d'être une très-belle fourchette.

Madame la duchesse d'Orléans, femme de Monsieur, raconte avoir vu très-souvent Sa Majesté manger, en un seul repas, « quatre assiettées de soupes diverses, un faisan entier, une perdrix, un grand plat de salade, du mouton au jus et à l'ail — oh! Sire! — deux bonnes tranches de jambon, une assiette de pâtisserie, et puis encore du fruit et des confitures, et enfin — Dieu le lui pardonne! — des œufs durs, qu'il aimait beaucoup. » Avec une capacité pareille, on ne s'étonnera pas que ce grand Roi soit passé à la postérité.

Marchin, qui connaissait le côté faible de son maître, fit venir en secret de ses propriétés de Belgique — le remarquable château de Modave appartenait à ce seigneur — une couple de ces bons petits tétras qu'on rencontrait encore à cette époque dans les bruyères du Condroz, et les envoya à Louis XIV.

Le Roi les reçut avec la majesté que comportait un pareil présent.

Vers le soir il se glissa dans le petit salon de madame de Maintenon, où il soupait chaque jour en tête-à-tête avec la vieille favorite, qui, entre deux petits pâtés à la crème, faisait signer les Dragonnades.

Les tétras cuits à point parurent devant le plus grand monarque du mondo. Madame de Maintenon, qui protégeait Marchin en haine du duc d'Orléans, alors commandant en chef de l'armée d'Italie, s'extasia à l'aspect de ce mets si rare, et hasarda un petit mot en faveur de son protégé. Louis XIV fronça less ourcils, mais, à la première bouchée, il dit à la Maintenon :

« En somme, Marchin est un féal sujet. »

A la seconde :

« Marchin est un excellent officier. »

Le premier coq venait à peine de disparaître que le comte de Marchin était déjà un grand homme de guerre. Le Roi attaqua bravement le second, et ce fut ce moment que la favorite choisit — oh! adresse des femmes, même des vieilles! — pour jeter dans les jambes du jeune d'Orléans le maréchal de Marchin.

« Lui seul, continua-t-elle, peut conduire la guerre d'Italie à bonne fin.

— Mais mon neveu, dit Louis XIV, comment lui retirer son commandement?

— Sire, dit la favorite, voici une aile si blanchette qu'elle paraît arrachée à l'épaule d'un ange. »

La noble figure du vieux Roi prit un air de béatitude et de convoitise. L'aile glissait sur son assiette en même temps que ces paroles tombaient de la bouche peu gracieuse de la Maintenon.

« On ne retire pas à d'Orléans le commandement, dit-elle, mais on donne à Marchin des pleins pouvoirs secrets.

— Le père Lachaise n'aurait pas mieux tourné la difficulté, répondit Louis XIV; Marchin ira en Italie. »

Le comte, rentré en grâce, partit pour Turin, fit triompher son opinion dans les conseils de guerre, et amena la déroute de l'armée française. Orléans fut vaincu, Marchin tué, la France perdit l'Italie, et tout cela à cause de deux coqs de bruyère et d'une vieille femme.

Notre charmante hôtesse m'offrit une seconde portion de l'excellent tétras dont je vous ai parlé, et, ma foi, j'acceptai. Faites comme moi, lecteur. Sans être un Sardanapale, on peut bien aimer les bonnes choses, et, si l'on nous blâme, nous nous retrancherons derrière Louis XIV et tant d'autres personnages illustres qui nous ont prêché d'exemple. Ce qui m'a toujours surpris, c'est Napoléon, qui préférait, aux produits les plus nobles de l'art culinaire, le manche d'un gigot de mouton et les lentilles. C'est une tache dans le soleil de sa gloire.

CHAPITRE XI

Le coq et la cuisine actuelle. — Le petit tétras et l'Auerhahn devant la broche. — Les cordons bleus mercenaires. — Appels aux dames. — Décadence de la cuisine. — Ses causes. Moyens de la relever. — Des diverses manières de préparer le coq de bruyère.— Une mauvaise, une bonne et une excellente. — Gare les doigts ! — Une petite histoire de cuisine sous la Régence.— Remède contre la gastrite.— La chasse aux coqs en grand honneur.— Qui veut tuer des coqs ? — Recette promise.

Aujourd'hui le coq de bruyère n'est pas déchu de son rang. Il reste un manger de roi. Quand il est vieux, cependant, sa chair prend une teinte plus foncée et un goût de venaison plus prononcé.

D'ardentes amours, des folies de jeunesse enfin, ont desséché ses fibres et ossifié ses muscles ; mais on ne juge pas des charmes du sexe sur l'échantillon d'une antique douairière.

Dans tous les cas, je donne encore la palme au vieux coq sur le vieux faisan qui a passé sa vie à pleurer sa liberté ou sa patrie. Il est bien entendu que nous parlons du coq de bruyère belge, et non de ce gros tétras que les Allemands, je vous l'ai dit, appellent *Auerhahn* — coq sauvage — et qui n'a aucune des qualités culinaires de notre volatile à queue fourchue.

Ce dernier est notre gloire à nous, chasseurs et gourmets belges, et il est bon de ne pas laisser compromettre sa réputation par ceux qui le confondent avec le grand tétras des Alpes et de la Norwège, ce tétras imbécile que l'amour aveugle à tel point qu'il se laisse fusiller, sans bouger, à l'époque du rut.

Mais ce n'est pas tout de tuer un coq de bruyère, il faut encore savoir le préparer de façon à ne pas le déshonorer. Quel crime pour un cordon-bleu d'avoir compromis un rôti de cette espèce! C'est mériter l'exclusion de toute office respectable, l'exil chez les Iroquois, la mort même, si nous ne vivions dans un siècle d'humanité et de progrès.

Et pourtant bien peu de cuisinières sont à la hauteur d'une pareille tâche. C'est à la maîtresse du logis, qui a pu s'inspirer dans les classiques de l'art culinaire, à commander le feu dans une aussi grande occasion.

Ne vous révoltez pas, femmes aimables, spirituelles, élégantes, contre cette besogne que vous croyez aujourd'hui indigne de vos blanches et belles mains. De très-grandes dames prenaient jadis à cœur la bonne direction de leur table, et ne s'en trouvaient pas amoindries.

En France, en Italie, on doit la régénération de la cuisine aux femmes les plus titrées, et si, aujourd'hui, la science du bien-manger est tombée quelquefois si bas, c'est qu'elle est presque partout livrée à des mains ignorantes et mercenaires.

Les grandes fortunes ont disparu, et avec elles les maîtres de l'art; la cuisinière a remplacé le maître-d'hôtel, et le chef même devient aussi rare que le merle blanc.

Si nos dames ne prennent le parti de sauver d'un désastre la bonne chère qui s'en va, ç'en est fait de l'avenir de la cuisine, cette base solide des joyeuses réunions, de la sociabilité et des bons ménages.

Carême, qui dirigeait les offices de M. de Talleyrand, s'attribuait la plus belle part des succès diplomatiques de son maître. Il soutenait qu'il n'y avait pas de bonnes négociations sans de bons dîners, et il n'avait pas tort.

L'homme qui se trouve devant une table bien servie est à moitié séduit; il est content, heureux, disposé à toutes les concessions, à toutes les promesses. Faites votre profit de ces conseils, mes charmantes lectrices, et vous m'en direz des nouvelles.

Voici une manière de préparer le coq de bruyère qui a failli me brouiller pour la vie avec ce volatile.

Nous faisions une partie de chasse dans un des coins les plus reculés de l'Ardenne, et, comme nous ne devions pas nous attendre à trouver une table succulente dans le pauvre cabaret où nous étions logés, j'avais pris mes précautions.

« Pourriez-vous nous préparer ce gibier? avais-je demandé à notre hôtesse, en lui remettant un jeune tétras des plus tendres.

— Si je pourrais vous le préparer ! avait répondu cette bonne femme; mais je crois bien, et joliment encore ! »

Le dîner était sauvé.

Nous rentrons au logis, harassés, avec un appétit de vieux loups qui rôdent depuis quinze jours autour d'une bergerie, mais l'estomac plein d'espérance. On se met à table.

Tout-à-coup notre odorat est saisi par une affreuse odeur, une odeur inqualifiable. Cette odeur se rapproche, et envahit la salle où nous nous trouvions au moment où notre Ardennaise y entrait, portant une espèce de soupière dont le souvenir ne m'a jamais quitté, une sentine impure!

« Qu'est-ce cela? nous écriâmes-nous en nous rejetant en arrière.

— Pardi ! répondit la paysanne, c'est le coq ! »

Nous étions atterrés.

Un de nous, plus courageux que les autres, souleva le couvercle de ce pot infect, et que vit-il?

Le pauvre tétras à peine plumé, coupé en morceaux et cuit dans un bouillon graisseux où surnageaient ses entrailles et Dieu sait tout quoi.

Voilà comment cette malheureuse savait préparer un tétras! J'ai assez bonne opinion de votre goût pour croire que vous n'adopterez pas ce mode de préparation.

Préférez de beaucoup celui de l'aimable amphytrion chez lequel nous venons de dîner. Ce mode est bourgeois, mais il n'en mérite pas moins d'être accueilli avec faveur. C'est même celui que je prise le plus et qui me semble le plus rationnel. Notre charmante hôtesse nous a donné sa recette; je vous la communique.

Il n'en est point du coq comme de la bécasse et du faisan, qu'on doit laisser mûrir pendant longtemps avant de les livrer à la cuisine. Ce volatile doit être mangé frais, et il n'a pas besoin du secours du temps pour embaumer l'air d'un fumet délicat.

Quand le coq est jeune, et qu'il a été tué au mois de septembre, il est suffisamment fait au bout de trois à cinq jours; en hiver, l'arôme ne se développe bien qu'au bout de huit à dix. Lorsque vous avez affaire à un sujet plus respectable, c'est différent. On peut alors le garder plus longtemps, et même au-delà de quinze jours en le conservant dans un bain de bon lait souvent renouvelé.

Cette marinade, si je puis m'exprimer ainsi, produit un excellent effet.

Admettons que le coq soit à point et qu'il n'ait pas atteint sa majorité. On le plume délicatement, moins la tête, qui reste l'ornement du rôt, et on le vide avec soin, sans perdre tout ce qui est conservé d'habitude dans la volaille à rôtir. Ici commence la toilette, le troussage, comme on dit en langage d'office. Cette opération demande une certaine instruction culinaire, car la manière de parer une volaille, le choix du lard, ne sont pas chose facile et élémentaire. Voilà votre coq bien bardé de lard, frais et ferme.

On le met à la broche devant un feu bien clair. Laissez cuire pendant trois quarts d'heure en arrosant à chaque minute, de façon à ce que les chairs s'imprègnent à fond des jus combinés du lard et des parties grasses du tétras. Placez quelques rôties dans le plat qui reçoit la quintescence du rôt, et, à un moment donné, enlevez tout, le miracle est fait. Servez chaud, et vous avez un rôti digne des plus fins connaisseurs.

Cette recette est parfaite, quoique d'une simplicité primitive.

Aimez-vous la poésie culinaire, la haute école de l'art du rôtisseur, le sublime du genre gastronomique? C'est une autre affaire.

Le volatile bien préparé, bien cuirassé comme

précédemment, vous prenez quatre bécasses arrivées à une demi-cuisson, vous retirez les chairs en conservant séparément la cervelle, les intestins, le foie et le cœur. Vous hachez menu, vous pilez pour ainsi dire la chair de vos bécasses avec une demi-livre de lard bien frais et bien gras et un égal poids de truffes première qualité, plus une quantité de poivre et de sel suffisante. Quand vous en êtes arrivé à une pâtée succulente, vous l'introduisez dans la capacité abdominale du coq, en ayant soin de recoudre proprement l'orifice pour que cette farce ne puisse s'en échapper.

Cela fait, un autre travail commence.

Vous rassemblez les foies, les entrailles, les cervelles de vos bécasses ; vous y ajoutez un morceau de bon beurre, une truffe, quelques épices ; vous écrasez le tout, et vous l'étendez sur une immense rôtie qui doit servir de trône au coq de bruyère. L'œuvre est en bon train : encore un instant, et ce sera un chef-d'œuvre. Vous placez votre volatile à la broche, votre rôtie sous l'oiseau, le tout devant un feu aussi ardent que possible, et, la cuillère en main, vous arrosez ferme, vous arrosez toujours.

Au bout de quarante minutes, si vous n'êtes pas entraîné vers ce rôt par une irrésistible attraction, c'est qu'il vous manque le sens de l'odorat. Il ne me reste qu'à vous plaindre. Un coq préparé de cette façon vaut un empire. Aucun rôti ne peut lui être comparé, aucun parfum d'Arabie ou du sérail n'exhale une odeur plus suave, plus enivrante, et je ne sache pas qu'il y ait rien sur la terre de plus parfait et de plus séduisant que ce mets sublime.

Je vous conseille de mettre des gants en mangeant de ce volatile. Si vos doigts touchent la sauce, je n'en réponds plus. Je vous conseille aussi de surveiller votre cuisinier pendant la cuisson de ce rôt. La gourmandise est forte, la chair du tétras est tendre, et un cuisinier est un homme comme un autre. Cette réflexion m'est suggérée par une aventure arrivée au marquis de Brancas, un des gourmets les plus distingués de la Régence.

A un petit souper que ce seigneur donnait à MM. de Richelieu, de Duras et de Tessé, on devait servir un coq de bruyère, mets très-rare, je vous l'ai dit, dans la nomenclature des rôtis célèbres de la cuisine française. Les quatre convives sablaient un vin généreux, en attendant l'apparition de ce volatile si estimé, objet de la convoitise des plus fameux mangeurs de l'époque.

Le coq se faisait attendre, et l'impatience gagnait ces honorables gentilshommes. Déjà le marquis de Brancas avait dépêché à l'office plusieurs valets qui devaient s'enquérir de ce retard extraordinaire. Pas un ne rentrait. L'amphytrion était consterné.

« L'oiseau s'est envolé, dit M. de Duras.

— Après avoir mangé les truffes, répartit M. de Tessé.

— Le traître, ajouta Richelieu avec un soupir de regret, s'il avait attendu au moins la fin du souper! »

M. de Brancas n'y tint plus. Il sonna avec violence: personne ne répondit. Le vieux gentilhomme se leva comme s'il avait retrouvé ses jambes de vingt ans, et s'achemina vers l'office.

Tout-à-coup on entendit un grand bruit de voix. C'était un tohu-bohu sans égal. MM. de Richelieu, de Tessé et de Duras se précipitèrent vers la cuisine, et bientôt ce ne fut qu'une explosion d'hilarité dans tout l'hôtel.

Voici ce qui était arrivé. Le maître d'office qui avait présidé à la préparation du coq destiné à faire l'honneur de la table de nos quatre gourmets, n'avait pu résister aux charmes d'un rôti qui répandait un arôme aussi enivrant, et en avait coupé un morceau dont il espérait déguiser le vide sous un complément de truffes.

Mais ne voilà-t-il pas qu'après avoir goûté de ce mets délicieux, notre homme n'avait pu s'arrêter en si beau chemin, si bien que le coq tout entier y avait passé. A cette nouvelle, M. de Brancas eut une crampe d'estomac.

« M'en as-tu au moins gardé un morceau? s'écria-t-il en colère contre son chef d'office consterné.

— Hélas! non, monseigneur, mon crime est sans excuse : il n'en reste rien.

— Si tu n'étais le premier cuisinier de Paris, je te chasserais, dit le vieux gentilhomme; mais je me bornerai à te mettre un gardien le jour où tu me prépareras un trop friand rôti.

— Ils le mangeront à deux, dit M. de Richelieu, qui, en arrivant, avait entendu ce dialogue. Voilà tout ce que tu y gagneras. »

M. de Brancas ne put s'empêcher d'éclater de rire, et toute la société en fit autant. Les quatre illustres gourmets retournèrent à table et devisèrent longtemps sur cet incident, dont ils se consolèrent en vidant quelques vieux flacons.

Cette historiette vous prouve quel prestige irrésistible exerce sur nos sens un coq de bruyère préparé d'après la recette que je viens de vous donner. Ne dédaignez pas cependant le rôti au naturel. Notre gibier est de ceux qui n'ont pas absolument besoin d'emprunter à des corps étrangers l'arôme qui flatte le palais; il a son fumet particulier, et il suffit, je vous l'assure, pour embaumer l'air et réveiller l'estomac le plus paresseux.

Arrosez le coq d'une vieille et vénérable bouteille de Bourgogne, et vous aurez le meilleur antidote contre la gastrite et l'hypocondrie. Notre hôte nous assura n'avoir jamais pris d'autre remède pour se guérir d'une maladie intestinale que la faculté avec tout son savoir n'avait pu combattre.

Il ne mangeait plus, dormait mal, maigrissait à vue d'œil, et son médecin trouvait que tout allait parfaitement. Encore un mois de ce régime, et il serait guéri... ou mort.

Notre ami prit un grand parti et le chemin des Ardennes. Il chassa, tua un coq, en fit festin, l'arrosa convenablement de quelques verres de Chambertin, et le matin, après avoir passé une nuit pleine de rêves dorés, il se trouva complètement rétabli.

Depuis lors il se porte à merveille, et, quand son médecin l'a revu, refait comme un homme de bronze, il s'écria :

« Je vous avais bien dit, mon cher, que le régime vous sauverait...

— En me sauvant du régime, » murmura notre hôte.

A tous les points de vue, vous le voyez, la chasse aux coqs de bruyère est une des plus fécondes en bienfaits de tout genre. Aussi, en Belgique, en Allemagne, en France, en Suisse, en Angleterre, on peut dire dans l'Europe entière, cette chasse compte-t-elle un grand nombre d'adeptes enthousiastes. Le tétras, soit le petit coq de bruyère à queue fourchue, soit le géant, l'*Auerhahn* enfin, ont entraîné plus d'un chasseur dans des régions inconnues même des touristes. On voit des Français, dignes enfants de saint Hubert, ce vieux chasseur belge vénéré partout où l'art cynégétique est en honneur, affronter les neiges des Alpes, les rochers des Vosges, les steppes sauvages des Ardennes à la recherche de ce royal volatile. L'Anglais lui-même a plus d'une fois délaissé les attraits du turf, des steeple-chases, des laisser-courre aux renards, pour la chasse aux coqs de bruyère. J'en ai rencontré plus d'un crottant leur majesté britannique des pieds à la tête dans nos fanges belges, plus fiers du tétras qu'ils avaient tué que si les léopards anglais avaient étendu la domination du coton de la Grande-Bretagne du pôle nord au pôle sud du globe.

« Et certes, ce n'est pas une mince gloire, » dit notre hôte en nous offrant un délicieux cigare.

J'oubliais de vous rappeler, cher lecteur, que nous étions toujours à table, et que c'est en nous servant une tasse brûlante de fin Moka que notre charmante hôtesse venait de compléter mon récit de chasse aux coqs de bruyère en nous enseignant les divers modes de cuisson de ce volatile.

« N'en tue pas qui veut, n'est-ce pas, Alfred? dit Joseph M., en se tournant vers notre pauvre ami.

— Soyez sans crainte à cet égard, dit M. X., avant peu Alfred vous fera manger le produit de sa chasse. J'ai une recette infaillible pour arriver à ce résultat, et je la lui donnerai, je la donnerai à vous tous qui l'accablez de vos lazzis et n'en savez peut-être pas plus que lui sur les ruses de ce noble oiseau, ruses de guerre qu'il faut combattre par d'autres ruses qu'on n'apprend à connaître que par une longue habitude de cette chasse exceptionnelle. Il ne faut pas laisser au hasard le soin de nous cueillir des lauriers. Sans cela, ils n'auraient rien d'honorable.

— La recette ! la recette! nous écriâmes-nous tous. Il nous faut la recette.

— Vous avez ma parole, répartit notre hôte, et je la tiendrai. Mais voici Michel qui vient s'enquérir de l'heure à laquelle il vous conviendra de vous mettre en chasse demain. »

Nous fixâmes l'heure. Bien avant que le coq de la basse-cour eût sonné la diane de sa voix sonore, nous étions tous debout, sauf Alfred.

Joseph M. et moi, nous nous rendîmes dans sa chambre. Le pauvre garçon dormait de tout son cœur, et un sourire de bonheur brillait sur sa figure épanouie. Joseph le secoua rudement pour l'éveiller. Alfred ouvrit les yeux, les referma, étira ses bras, et ne fit pas mine de se lever.

« Maudit dormeur! dit Joseph en le secouant de nouveau, à quoi diable rêvais-tu?

— A quoi je rêvais? répondit Alfred en nous regardant avec des yeux tout attristés. Je rêvais que je tuais un coq de bruyère et..., dit-il en se recouchant, que j'en mangais deux. »

Heureux homme!

C'est le bonheur que je vous souhaite, ami lecteur, chasseur ou non.

CHAPITRE XII

La recette. — Bonne pour tous les pays. — L'instinct et la raison. — Un bon conseil aux chasseurs. — Du chien. — Ouverture de la chasse aux coqs. — Où l'on trouve les tétras en septembre. — Le vieux coq. — La compagnie. — Ruses et dévoûment de la poule. — L'affût. — Où l'on trouve le tétras aux mois d'octobre et de novembre. — La traque. — La chasse à l'époque des neiges. — Le braconnage et les braconniers. — Les chasseurs suédois et russes. — Malice du jeune tétras.

« La recette ! la recette !

— Un peu de patience, messieurs, dit le soir notre hôte, j'y arrive.

La recette de la chasse au coq de bruyère que je vous ai promise ne ressemble pas à ces recettes de cuisine qui en quelques lignes vous apprennent les mystères d'une sauce succulente ou l'art de faire une gibelotte sans lapin. Il est vrai que ce dernier point de la science alimentaire n'offre même plus de difficultés depuis l'invention du lapin de gouttière, autrefois connu sous le nom de chat domestique. Ma recette de chasse, au contraire, nécessiterait des volumes d'explications si je voulais lui donner tout le développement ornithologique et cynégétique qu'elle comporte. Je la rendrai simplement aussi pratique que possible pour les chasseurs de tous les pays.

— Comment! de tous les pays?

— Certainement. En France, en Allemagne, en Angleterre, partout enfin où il y a des petits tétras à queue fourchue, on pourra l'employer avec succès. Cette recette est basée sur les habitudes et les mœurs d'un gibier qui ne change guère d'allures selon les pays qu'il fréquente. Le coq de bruyère de la région Alpine, des steppes de la Forêt-Noire, des montagnes de l'Écosse, vit et se nourrit comme le tétras de nos fanges ardennaises, et, par conséquent, se conduit comme lui pendant les diverses saisons de l'année. Ainsi l'a voulu la nature pour distinguer l'homme de la bête. L'instinct qui guide les animaux est une loi sous laquelle tous les êtres de la même race doivent courber la tête. La raison, au contraire, qui est l'apanage de l'espèce humaine, laisse à cette dernière le libre arbitre de ses volontés et n'obéit forcément à aucune loi. Voilà pourquoi Joseph M... aime le vin de Bourgogne, Alfred le champagne, et votre serviteur un vieux Lafitte pelure d'oignon. Chez les animaux de même espèce, cette diversité de goûts ne se rencontre pas, et si gentil, si noble que soit le tétras, il n'en fait pas moins, messieurs, partie du règne animal.

Vous avez vu des coqs, vous en avez tué; je ne vous en parlerai donc que comme de vieilles connaissances dont il est inutile de vous faire le portrait. Mais, avant de vous initier aux premiers principes de leur chasse, je dois vous donner quelques conseils dont vous reconnaîtrez l'utilité dans vos excursions à la recherche des tétras.

Tout chasseur qui aspire à l'honneur de conquérir quelques palmes dans cette chasse toute particulière doit, s'il ne connaît parfaitement la topographie du pays où il poursuivra ces oiseaux, se faire accompagner par un garde intelligent, prêt à lui renseigner leurs remises ordinaires. Sans cela, il court risque de se fatiguer inutilement à arpenter les bois et les bruyères sans tirer un coup de fusil, sans voir la queue fourchue d'un tétras. Les cantons que ce dernier habite sont vastes, entrecoupés de montagnes, de marais, de landes immenses, au milieu desquels il trouve un refuge assuré. Beaucoup de chasseurs ont nié l'existence du coq de bruyère après avoir chassé pendant plusieurs jours sur des territoires qui donnent asile à quelques compagnies de ces volatiles. D'autres ont affirmé qu'ils étaient excessivement rares là où il s'en trouvait de nombreux voliers, et cela parce que les uns et les autres n'avaient aucune connaissance du pays et des habitudes du coq de bruyère.

Le choix du chien d'arrêt pour la chasse aux tétras ne doit pas être indifférent. Les races du pays sont toujours les meilleures. L'épagneul anglais, le *pointer*, le *setter*, habitués à chasser en plaine, à arrêter à chaque pas le lièvre et le perdreau, conviennent peu aux chasseurs aux coqs. Ils se fatigueront dans les épais fourrés des bois, dans les genêts aux branches entrelacées, dans les bruyères brûlantes, qui mettront leurs pieds en lambeaux. Ils se dégoûteront bientôt d'une recherche longue et difficile, et donneront à leurs maîtres plus d'ennuis que d'agréments.

Pour cette chasse spéciale, il faut un chien spécial. Celui qui connaît le fumet du coq, qui est habitué aux ruses de cet oiseau, aux difficultés du terrain, doit être le chien de votre choix. Il aura toute la prudence, toute l'énergie nécessaires pour triompher dans la lutte qu'il doit livrer au gibier. Ce chien ne sera pas distrait par une caille pelotée dans une touffe d'herbes, par un lièvre qui se coule dans un fourré, par une bécassine de passage égarée dans un terrain fangeux ; il n'aura de nez que pour les exhalaisons délicieuses du tétras, et vous conduira d'un pas assuré jusqu'à la remise qu'il aura choisie. Un pareil chien vaut son poids d'or. Il est plus difficile à rencontrer qu'une femme accomplie, qu'un ministre désintéressé, qu'un chasseur sans amour-propre. C'est assez dire que ces chiens ne sont pas communs.

En Belgique et en France, la chasse s'ouvre à peu près à la même époque. C'est ordinairement vers la fin du mois d'août ou au commencement de septembre. La plaine se couvre de vaillants chasseurs; les coups de fusil se croisent, le gibier de poil et de plume tombe comme la grêle. Mais, au bout de huit jours, les disciples de saint Hubert sont moins nombreux dans les champs, et aussi les lièvres et les perdreaux. Les chasseurs sont fatigués de triomphes faciles; ils rêvent à de plus nobles exploits. C'est l'heure de la chasse au coq de bruyère. On part pour les régions qu'ils fréquentent.

A l'époque de l'ouverture, les tétras vivent dans les bois, sur la limite des fanges. C'est là qu'il faut les chercher. Vous rencontrerez le vieux coq dans un taillis bien fourni en myrtilles et en petits bouleaux. Il y reste solitaire, loin des soucis du ménage, mais fort défiant pour sa propre sûreté. Néanmoins un bon chien saura le dépister, démêler les traces nombreuses par lesquelles l'oiseau en éveil s'efforce de le mettre en défaut, et l'arrêter dans quelque couvert bien épais. Garde à vous! le vieux coq va partir avec un formidable bruit d'ailes et chercher son salut dans les airs.

Ce tir n'est pas difficile. Il n'est qu'émouvant. Malgré son plumage, plus résistant que celui de la perdrix, le tétras se tue fort aisément à portée avec du plomb n° 6.

N'espérez pas trouver dans le même taillis la famille de ce royal oiseau. Ce serait en vain. La compagnie, c'est-à-dire la mère-tétras et sa couvée, est réfugiée dans quelque bois des environs où elle trouve une nourriture facile et abondante. Certains chasseurs ont la coupable habitude de se lever avant l'aube pour chasser le coq de bruyère : c'est une erreur. Dans les premières heures du jour, il voyage, court de côté et d'autre, cherchant sa pâture du matin ; il n'est pas là où on croit le trouver, et, quand on le rencontre, il se laisse difficilement approcher à portée de fusil. Ce sont des jaloux et des égoïstes qui agissent de cette façon-là. Ils espèrent moissonner avant leurs amis, et ne font qu'effaroucher le gibier sans bénéfice pour personne. Quand le bon moment arrive, ces mauvais chasseurs sont fatigués, harassés, et les coqs peuvent faire paisiblement leur sieste dans un bain de poussière, à l'ombre d'un genêt ou au milieu d'une touffe de bruyères.

Les premières heures de soleil sont celles qu'il faut choisir pour se livrer à la chasse du tétras. La chaleur rend lourd et peu dispos cet oiseau, pourtant si agile et si sauvage, et vous le tuez alors à l'arrêt du chien comme une caille grasse ou un perdreau isolé.

Lorsque vous avez trouvé la compagnie, il ne s'agit pas de la laisser échapper. Un tétras se lève bruyamment. Ne tirez pas : c'est la mère-poule, et il est convenu qu'on la respectera. Les jeunes suivront de près, et vous pourrez choisir dans le nombre ceux qui s'offrent le mieux à votre plomb. Après une première décharge, la compagnie a filé droit devant vous, disparaissant dans les profondeurs des bois. Ne vous inquiétez pas de ce vol en droite ligne et qui semble ne pas devoir finir. Laissez marcher rapidement, dans la direction qu'ont prise les tétras, vos irréfléchis et jeunes compagnons : ils vont faire une pointe sèche sans rien trouver. Les coqs, parvenus à une certaine distance, tournent brusquement à droite ou à gauche, et reviennent se placer à quelque vingt mètres en arrière du point de départ. L'homme habile peut faire chasse dans un périmètre restreint au grand étonnement des chasseurs ignorants.

Cette tactique du gibier est des plus adroites : elle le sauve souvent d'une destruction complète. Il faut bien connaître les ruses du tétras si l'on veut obtenir quelque succès dans les combats qu'on lui livre. La nature a donné à la mère-poule une grande pénétration, un esprit défiant et rusé, un cœur plein de dévoûment et de tendresse, des facultés remarquables et des qualités sans nombre, qui lui servent à sauvegarder sa couvée des piéges du braconnage et des dangers de la chasse. Pauvre mère ! elle ne parvient souvent à sauver la vie de quelques-uns de ses enfants qu'au prix de sa propre existence.

Votre chien arrête. La compagnie part tout entière, guidée par la poule ; elle échappe à vos coups. Comme aucun bruit n'a effarouché la bande, vous jugez avec raison qu'elle s'est remise à peu de distance. Vous battez le bois en tous sens ; votre chien ne tarde pas à vous avertir par ses démonstrations que les coqs ne sont pas loin. Il remue la queue, fouille les buissons, lève le nez avec inquiétude et indécision pour aspirer les arômes du gibier. Peines inutiles ! vous tournez, votre chien et vous, dans un cercle vicieux d'émanations dont le point central a disparu. Voici ce qui est arrivé. La mère-poule seule a pris pied, laissant sa famille exécuter en l'air sa conversion habituelle ; elle a entremêlé ses voies, et, quand elle a jugé que le labyrinthe était assez compliqué, elle s'est envolée jusqu'à l'arbre voisin le plus touffu, d'où elle suit d'un œil inquiet le succès de sa ruse. Le chasseur ne se doute pas qu'elle est si près de lui et que la compagnie est à vingt minutes de là, paisiblement pelotée dans les buissons que son chien et lui viennent à peine d'explorer. Ce n'est que lorsqu'elle voit l'ennemi s'éloigner dans un sens opposé que la rusée poule regagne à tir d'ailes, quelquefois en se glissant dans les hautes herbes, l'asile de sa couvée. La voilà tranquille pour toute la journée.

D'autres fois, imitant la perdrix, elle entraîne le chien sur sa trace, l'éloigne de sa famille, et ne s'envole qu'après être certaine que le chasseur et le chien sont assez loin pour n'être plus une source de dangers pour ses petits. Cette tactique lui est souvent fatale. Le chasseur, mécontent, irrité, et, par-dessus tout, craignant la bredouille, lui envoit un coup de fusil sans égard pour son sexe, et voilà les enfants orphelins.

Si la poule n'est que blessée, elle n'en cherche pas moins à utiliser ses derniers instants à la conservation de ses petits. Ses douleurs ne lui font pas perdre la tête, et c'est toujours vers le point opposé à celui qui sert de refuge à sa famille que cette infortunée se dirige avec énergie, soit pour échapper au chien, soit pour mourir en paix. On citerait mille exemples de ce dévoûment de la poule-tétras pour ses poussins, et la bruyère a été le théâtre d'un grand nombre de ces petits drames intimes que nous contemplons avec froideur et insensibilité dans l'ivresse de nos plaisirs ou la satisfaction de nos besoins.

Il résulte donc de ce qui précède que, pendant

les mois d'août et de septembre, il ne faut pas chercher le coq de bruyère dans les landes déboisées. C'est par exception si on le rencontre quelquefois, soit au milieu des bruyères, soit sur les bords des marais qui s'y trouvent. Les tétras aiment cependant les endroits marécageux, et si vos bois ont, par-ci par-là, quelques parties fangeuses, cherchez bien, la compagnie ne sera pas loin.

A cette époque, on peut aussi chasser le coq à l'affût du soir ou du matin. L'affût du matin est le meilleur. Au lever du soleil, les tétras cherchent leur pâture et viennent assez souvent glaner près des champs ensemencés. A vous de surveiller les lieux qu'ils affectionnent. Cette manière de chasser n'est pas, il faut l'avouer, très-digne, et je ne la conseille pas aux honnêtes chasseurs.

Au mois d'octobre, le tétras change absolument de manière de vivre. Autant il aimait l'ombre des bois, autant alors il la fuit. Ne le cherchez plus dans les forêts; sa place désormais est au milieu des immenses bruyères, qui lui offrent une abondante pâture. Il continue à y passer toutes les journées jusqu'à l'époque des grandes neiges; le soir, il revient loger dans le bois qu'il a choisi pour refuge. Son goût pour la solitude disparaît aussi; il aime à se réunir aux membres de son espèce, et l'on en voit souvent des bandes composées de dix-huit à vingt individus. Chose curieuse: la vieille poule seule recherche alors la solitude. En Allemagne, en Silésie, en Suède, ces bandes atteignent quelquefois au chiffre de plusieurs centaines de tétras.

Dès cette époque, la chasse aux coqs devient très-difficile. Leur naturel sauvage s'est développé, et il est presque impossible de s'en approcher à portée de fusil. Ce n'est que dans les jours de douce gelée, de temps clair, et alors qu'un chaud rayon de soleil dore la bruyère, qu'un chasseur trouve l'occasion de tuer, à l'arrêt de son chien, quelque tétras isolé ou une vieille mère solitaire. Il existe cependant diverses manières de le chasser alors avec succès. Voici la moins usitée et la plus productive.

Je vous conseille d'en user.

Par un beau jour d'automne ou d'hiver, vous gagnez avec quelques rabatteurs la bruyère où se trouvent les grandes volées de coqs. Les chasseurs vont se poster sur la lisière des bois fréquentés par les tétras, et les hommes de traque décrivent un grand cercle dans les landes pour tourner la position qu'occupe la bande. A un moment donné, ces derniers rabattent vers les tireurs, et voilà les coqs effrayés qui se lèvent tour à tour et regagnent les forêts. Vous les attendez bien tranquillement, et, au fur et à mesure qu'ils se présentent, vous les fusillez à votre aise. C'est une chasse très-amusante et qui réussit toujours. Le coq est un animal d'habitudes, et ni les coups de fusil ni la présence des hommes ne l'empêchent de venir se réfugier sur les arbres où il passe ordinairement la nuit.

Il arrive quelquefois que des rabatteurs inhabiles poussent ces volatiles dans une autre direction, et que vous croyez tout perdu. C'est une grave erreur. Ne quittez pas la place : les coqs s'apercevront bientôt qu'ils se fourvoient, et reviendront brusquement en arrière vers leur asile habituel. Choisissez les plus jeunes, et tirez. Si vous n'êtes pas trop maladroit, je réponds du succès.

Cette manière de chasser les coqs a un double avantage. La traque des bruyères vous envoit souvent quelques lièvres, des ramiers, des bizets, des tourterelles, jolis coups de fusil qui ne sont pas à mépriser et qui varient vos plaisirs.

Quand le sol est complètement couvert de neige, le tétras ne quitte guère la forêt. Il reste perché dans les sapins et les bouleaux, et n'abandonne qu'à regret l'arbre sur lequel il se trouve. On peut alors le tirer en s'en approchant avec précaution, mais le meilleur moyen est de le faire traquer. Le chasseur se place à un bout du bois, à portée de quelques arbres assez élevés, et attend que les coqs, chassés de bouleaux en sapins jusqu'aux limites du bois, viennent s'offrir à ses coups. On en tue rarement plusieurs d'un même coup de fusil, chaque tétras choisissant son arbre pour se percher.

Ces différents modes de chasser le tétras à queue fourchue peuvent être mis en pratique dans tous les pays. Ils ne compromettent d'ailleurs pas la reproduction de ce rare gibier, et à ce titre ils sont dignes d'être accueillis avec faveur par tous les vrais chasseurs. Il n'en est pas de même des autres façons d'agir usitées dans les forêts de la Suède et de la Silésie, et qui amèneraient bientôt dans nos contrées une disette complète de tétras. Chez nous heureusement la loi protége le coq de bruyère au temps des amours.

Dans ces pays lointains où le coq de bruyère abonde, les chasseurs en détruisent en grand nombre au moyen d'appeaux et de tétras empaillés qu'on place sur des arbres pour attirer les volées. Il n'est pas rare qu'un tireur adroit en abatte plusieurs centaines en quelques jours. On prend aussi les coqs à divers piéges, aux lacs, voire même aux filets ; mais je me garderai bien de dévoiler à nos braconniers la manière dont on se sert de ces engins. L'affût, à l'époque de l'amour, est également destructif, et on ne saurait trop recommander aux gardes la surveillance des bois aux mois de février et de mars. Ce renard à deux jambes, cette fouine humaine qui cache sous sa blouse son vieux fusil démonté, ses nœuds coulants, ses bricols de meurtre, ce braconnier, enfin, est plus à craindre pour le gibier que toutes les bêtes puantes de la forêt. Sus à ce vautour — car je ne sais quel nom lui convient le mieux — si vous voulez sauver de la destruction notre charmant petit tétras! Michel, aujourd'hui si brave, si honnête, si dévoué, pourrait vous dire avec quelle rapidité un braconnier peut détruire tout le gibier d'une chasse, ce pauvre gibier qui a déjà tant à lutter contre les carnassiers de toute sorte qui peuplent l'air et les bois.

Il est vrai que la nature a doué le tétras *Birkehahn* d'un esprit de ruse qui le met à l'abri de bien des dangers. Quand il est grand, son naturel sauvage, la force de son bec, son œil perçant, suffisent pour le protéger et contre l'homme et contre les bêtes féroces de poil et de plume; quand il est jeune, le dévoûment et l'instinct de la mère-tétras veillent sur lui et le garantissent des embûches. Cette brave poule défend jusqu'à la mort son nid et ses poussins. Vous croyez peut-être qu'il est facile de dénicher les petits ou de les atteindre avant qu'ils puissent prendre leur vol. Allons donc! Michel pourrait vous dire qu'il a perdu souvent son temps à ce métier.

Un jour, le hasard le conduit au beau milieu d'une nichée de coqs. L'aubaine lui parut excellente, et voilà notre homme qui s'élance vers les petits tétras. Mais ces jeunes volatiles ont d'excellentes pattes, et la mère et les poussins s'enfuirent rapidement dans les hautes herbes. Les gloussements de la poule guidaient ses pas ; enfin, au moment où il croyait mettre la main sur la nichée, la mère s'envole, et Michel ne vit et n'entendit plus rien. Il cherche, furète partout : ce fut en vain. Les petits avaient disparu comme si la poule les eût enlevés sur ses ailes. Notre Ardennais voulut en avoir le cœur net, et il se glissa dans un épais buisson en attendant l'événement. Sa patience n'eut pas longtemps à souffrir. La mère revint bientôt et fit entendre un petit cri de rappel. Aussitôt les petits tétras s'élancèrent, tout joyeux, qui d'un côté, qui de l'autre, comme s'ils avaient cherché un refuge dans les entrailles de la terre. Nouvelle poursuite de Michel, nouvelle défaite. Voici ce qui arrivait. La mère entraînait la nichée après elle, et chaque fois qu'une pierre, une motte de terre, un petit trou pouvant servir de retraite, se trouvaient sur son passage, un jeune s'y glissait sans que la poule arrêtât sa course ou suspendît ses gloussements. Quand tous étaient bien cachés, elle s'envolait, et bien malin celui qui eût pu découvrir leur asile. Cette ruse, pleine d'habileté, met les nichées à l'abri de la poursuite des braconniers et de la rapacité des oiseaux de proie. Aussi est-il rare que les poussins ne parviennent pas à l'âge de puberté.

J'ai remarqué également le soin que la poule prend de cacher ses œufs à tous les yeux quand elle quitte son nid. Elle les recouvre de feuilles et de poussière, et s'envole immédiatement pour que sa trace ne puisse révéler aux renards et aux belettes l'endroit où reposent ses espérances de maternité.

On le voit, ni la poule domestique ni la mère perdrix n'ont plus de sollicitude pour leur famille que cette femelle tétras, un des oiseaux les plus farouches de nos contrées. Dieu lui a mis au cœur des sentiments qui feraient rougir de honte bien des mères oublieuses de leurs devoirs et plus folles de leur corps que de leur sang. A chaque pas dans la nature, l'être humain peut trouver de graves et utiles leçons. Ne nous plaignons pas d'ailleurs de cette tendresse de la poule de bruyère pour ses petits : elle est la source de nos plaisirs. Sans elle, cette race de volatiles intéressants disparaîtrait bientôt du globe, et vous n'auriez plus, mes bons amis, l'occasion de vous servir de la recette que je vous avais promise et que je vous ai livrée. »

CHAPITRE XIII

M. X..., un ornithologiste comme il y en a peu. — Ses volières. — Peut-on élever le petit tétras ? — Une réponse qui en vaut bien une autre. — Manière de le nourrir. — Son accouplement avec le faisan. — Les jeunes tétras. — Leur nourriture. — L'engraissement de ce gallinacé. — Moyen de se faire cinq mille francs de rente.

Quelque temps après notre visite chez M..., je me trouvais au château de M. X..., un des chasseurs les plus intelligents de notre pays et ornithologiste distingué et passionné. Après le dîner, nous allâmes visiter ses volières, qui passaient pour être très-remarquables. Elles étaient fort belles, en effet, et parfaitement entretenues. Non-seulement on y trouvait un couple de presque tous les oiseaux de nos contrées, mais encore des volatiles étrangers rares, tels que le colin d'Amérique, la perdrix rouge de Barbarie, des pigeons de la Martinique, des palmipèdes de la Chine aux brillantes couleurs, des faisans dorés, argentés et de Bohême, un choix des gallinacés les plus purs, des grues de Numidie, des aigles et des perruches au plumage étincelant. C'était réellement une collection sérieuse. M. X... nous fit voir des croisements de poule de basse-cour et de faisan, un grand nombre de jeunes perdreaux élevés par de petites poules avec une tendresse maternelle, des perroquets — de vrais perroquets — qui couvaient en volière comme en pleine forêt d'Amérique.

Je m'extasiai avec raison devant tant de miracles accomplis avec tant de bonheur.

« La nature n'a plus de secrets pour vous, lui dis-je, et vous êtes un habile homme.

— Allons donc ! me répondit-il, tout cela est la moindre des choses. Avec un peu d'expérience, d'observation et de patience, on parvient à pénétrer les plus profonds mystères de la nature. L'élève de tous ces oiseaux ne demande que du temps et des soins. Je gagerais de nourrir un colibri aussi aisément qu'un corbeau, si j'avais pu étudier ses mœurs et ses goûts pendant quelques semaines. Il n'y a point d'animaux que l'homme ne puisse réduire à la domesticité ou tout au moins nourrir en cage.

— Ce n'est pas l'opinion d'un grand nombre de directeurs de nos jardins zoologiques, repartis-je.

Il en est beaucoup qui ne réussissent même pas à conserver des oiseaux du pays, le coq de bruyère par exemple.

— Quelle plaisanterie! s'écria M. X... Les tétras, comme tous les gallinacés, s'élèvent en volière et même en basse-cour avec la plus grande facilité. Vos directeurs de jardins zoologiques sont très-souvent de savants théoriciens, mais d'une inexpérience rare dans la pratique. Un garçon de ménagerie a plus de savoir-faire que beaucoup d'entre eux.

— Mais vous n'avez pas de tétras cependant dans votre riche collection ?

— Suivez-moi, » me dit-il.

Et, m'entraînant sur ses pas, nous pénétrâmes dans une petite enceinte où croissaient des sapins et des bouleaux nains, au milieu desquels j'aperçus bientôt, tout effrayés de notre brusque apparition, plusieurs couples de grands et de petits tétras.

« Voilà, dit M. X..., vos hôtes sauvages en excellente santé, je pense, et qui protestent eux-mêmes contre l'opinion de bien des savants. Il en est parmi ces tétras qui vivent dans ma volière depuis plusieurs années. Voyez ces gélinottes : il y a deux ans que je les garde ici, et je ne sache pas qu'elles aient l'air de se plaindre du régime. Cet *Auerhahn* a été acheté en Suisse à un pauvre diable qui fait métier de les dénicher, métier difficile, dangereux même, car il oblige celui qui le pratique à vivre seul dans les régions alpines les plus arides. Le père de ce dénicheur de tétras, qui avait légué à son fils sa rare science, était un beau jour tombé dans la crevasse d'un glacier en poursuivant des lagopèdes. On ne l'avait plus revu. Heureusement son secret n'est pas mort avec lui, et les petites infortunes du métier n'ont pas effarouché son héritier.

Ce grand tétras, volcan d'amour en liberté, n'est qu'un triste hère dans la domesticité. Il s'habitue à l'esclavage comme un nègre d'Afrique transporté aux États-Unis, et finit par périr de nostalgie ou d'indigestion. On l'a singulièrement romantisé en le représentant comme un héros de Cythère qui, aussitôt qu'il est séparé de son harem, se suicide en avalant sa langue. C'est là une erreur profonde. J'espère conserver celui-ci quelques années, parce que la société des *Birkehahn* et des gélinottes le distrait de toute idée noire; mais s'il vivait seul en cage, au lieu d'avaler sa langue il s'en servirait pour pousser bientôt son dernier cri, et son ombre s'envolerait vers les sombres régions des hautes Alpes, sa patrie aimée.

En Pologne, en Suisse, en Sibérie, on élève en basse-cour le tétras *Auerhahn*, mais la gélinotte et le petit coq de bruyère se résignent plus aisément que lui encore à la captivité et pullulent même en volière.

— Pullulent en volière, dites-vous? Mais, si c'est possible, je ne puis comprendre qu'on n'use pas de ce moyen pour repeupler nos bois et nos bruyères de ce gibier royal, qui faisait jadis l'ornement des forêts de la Gaule.

— On pourrait en user, répondit M. X..., mais à quoi bon? Ce ne sont pas seulement les tétras qui nous quittent, ce sont les bruyères et les bois. Pour repatrier ces beaux oiseaux, il faudrait faire reculer le siècle, diminuer la population, arrêter le progrès agricole ; tout cela ne vaut-il pas un coq, même de bruyère? Il n'en reste pas moins vrai qu'on peut très-bien élever en cage ces gallinacés sans qu'ils perdent pour cela la faculté de se reproduire. Ces oiseaux si sauvages finissent par se familiariser aussi bien que le faisan, et par donner à leur heureux propriétaire de nombreux descendants. En Pologne, et en Suède surtout, il y a des gens qui s'adonnent à l'élève du tétras et de la gélinotte, et qui trouvent dans cette industrie un moyen lucratif d'existence.

Un de mes amis, M. Le Baron, de Vielsalm, chasseur intelligent et observateur érudit auquel je dois plusieurs renseignements précieux sur les mœurs des tétras, a démontré, un des premiers dans notre pays, que le petit coq de bruyère s'habituait sans peine à la privation de la liberté. J'en ai vu chez lui de très-beaux spécimens. « J'ai même essayé, m'écrivait-il dernièrement, de croiser les poules-tétras avec des coqs-faisans, mais ces maris cruels ont impitoyablement massacré leurs moitiés. Je n'en suis pas moins convaincu cependant qu'en les élevant ensemble dès leur jeunesse, on parviendrait à obtenir de ce croisement de beaux et bons produits. » Un jour je tenterai l'expérience, et j'espère réussir à doter la cuisine de mon pays d'un rôti nouveau et d'un fumet incontestable.

— Tous les gourmets vous élèveront une statue.

— Merci du cadeau. On en élève à trop de monde. S'il vous vient la pensée de nourrir des petits tétras, ne les tenez pas dans une cage étroite. Tâchez de faire à ces jolis oiseaux un enclos bien garni des plantes qu'ils aiment et des arbres qui leur servent d'abri. Ils y vivront heureux, pourvu que vous leur distribueiez avec intelligence une nourriture qui convienne à leur estomac. Les grains de blé, d'avoine, de maïs, la semence de bouquette, les fruits du sapin et du bouleau, forment leurs aliments principaux. A l'époque des myrtilles et des baies de diverses plantes sauvages, il est très-bon de leur en présenter. Ces fruits leur tiennent le ventre libre et les préservent de maladies dangereuses qui enlèvent souvent les gallinacés domestiques. Je ne leur épargne pas non plus les œufs de fourmis, les insectes, les escargots, le gravier fin, dont il est utile d'étendre une couche épaisse dans le fond de leur volière. Le petit tétras gratte volontiers la terre, et se vautre avec bonheur dans la poussière au temps des chaleurs. S'il trouvait sous ses pattes un sol trop consistant, il se briserait les ongles, et gagnerait aux doigts des gonflements très-difficiles à guérir.

Comme chez la poule domestique, les couvées ne réussissent pas toujours. Il faut veiller à ce que la mère couveuse jouisse d'une égale température et soit à l'abri des intempéries de l'air. Quand les petits sont éclos, il est bon de les placer dans un endroit convenablement chauffé. La première nourriture à leur donner est un jaune d'œuf cuit bien mis en miettes, et quelques jours après on peut déjà leur offrir diverses herbes hachées avec l'œuf, comme la mille-feuilles et la salade. Les jeunes tétras et les jeunes gélinottes sont friands de persil, et ce légume leur fait autant de bien qu'il fait de mal aux perroquets. A mesure qu'ils grandissent, on varie les aliments; après l'œuf vient le millet, puis le blé et les œufs de fourmis. Il est également très-bon de les mener au champ; le grand air, le mouvement, les petits insectes qu'ils attrappent avec avidité, les maintiennent en santé et, de plus, éloignent les maladies auxquelles ils sont sujets. L'élève du tétras et même de la gélinotte n'est pas plus difficile que cela.

En Silésie, continua M. X..., les paysans sont

très-forts dans l'art d'élever le coq de bruyère et la gélinotte. Ils les engraissent ni plus ni moins que si c'étaient des poulets du Mans ou de Bruxelles, et les vendent à un prix très-bas. La nourriture de ces oiseaux se compose alors, outre les aliments dont je vous ai parlé, d'une pâtée d'avoine égrugée séchée au four et dont on ne leur ménage pas les morceaux. C'est un mets excellent que cette volaille ainsi engraissée. Vous voyez donc qu'il n'est pas si difficile que vous le pensiez de conserver en volière nos charmants petits tétras.

— J'en suis heureux, lui dis-je, et je vais, si vous le permettez, communiquer votre science à un de mes amis, excellent chasseur aux coqs, qui trouvera peut-être moyen, grâce à elle, de combler les vides que son adresse fait chaque année dans ses compagnies de tétras.

— Livrez ces détails au public si cela vous fait plaisir, me répondit-il. Plus il y aura d'éleveurs de coqs de bruyère, plus on sera certain d'en conserver la race dans notre pays, et l'on ne saurait trop faire pour arriver à ce résultat. »

C'est ce que j'ai fait, ami lecteur, en écrivant ce chapitre, et, si le cœur vous en dit, usez de la science de M. X... ; je vous réponds du succès.

Il y a des gens qui se font trois mille francs de rente en élevant des lapins : peut-être y en a-t-il qui trouveront moyen de s'en faire cinq mille en élevant des tétras. C'est toujours moins dangereux que de jouer à la Bourse pour atteindre la fortune.

—

Enfin, direz-vous, voilà votre récit terminé ; il a duré bien longtemps.

Je suis de votre avis ; mais, quant on part pour la chasse, qui peut dire où le gibier vous conduira ? On n'est pas maître du vol des oiseaux, et nul ne dirige la course d'un lièvre. Pauvre chasseur, vous le savez, est celui qui n'a pas un jarret d'acier et une dose de patience à fatiguer un auteur qui a eu la chance de trouver des auditeurs complaisants. Je tiendrai compte cependant de votre exclamation, et, pour vous le prouver, je termine par un quatorzième chapitre à votre adresse.

CHAPITRE XIV

Un dernier mot. — A quoi peut servir un livre.

Un jour — et pourtant ce n'est point un conte que je vous fais pour terminer — un de mes amis, grand chasseur, reçut de son parrain, qui sentait sa fin venir, une lettre conçue en ces termes :

Mon cher neveu,

Dépose ton fusil et prends la poste. J'ai le pressentiment que mon *hallali par terre* sonnera bientôt, et comme je veux t'instituer mon légataire universel au détriment de tes affreux cousins, j'ai besoin de te donner quelques instructions.

Ajoutons que le bonhomme était affligé de millionarisme.

Au moment où cette triste mais consolante missive lui arrivait, notre chasseur recevait une invitation à une grande chasse dans les giboyeuses forêts du pays de Trèves. Un instant il fut indécis. Le million n'était pas à dédaigner, mais un vieux loup à forcer avait bien aussi son charme. On réfléchirait à moins.

Enfin mon ami prit un grand parti. Il mit dans sa poche la lettre de son vieux parent, et monta en voiture.

« A la gare! » s'écria-t-il à son cocher.

Et le voilà courant à toute vitesse de locomotive sur la voie ferrée de l'Allemagne.

« Mon parrain, se dit-il, aura bien la complaisance de m'attendre pour mourir; il a toujours été si bon pour moi! D'ailleurs mon absence sera courte. »

Les chasses furent splendides, émouvantes, et l'héritage fut oublié. Un Burgrave, veneur intrépide et propriétaire de vastes territoires sur les bords du Rhin, entraîna la société dans ses terres. Inutile de dire que mon ami ne pensait plus à son oncle mourant, et qu'il fut de la partie. Pourquoi s'arrêter en si beau chemin? La Silésie était là avec ses grands bois qui regorgent de tétras et de loups. On courut en Silésie; mais là notre chasseur trouva une nouvelle lettre. Elle était bordée de noir et ne contenait que ces mots :

Mon cousin,

J'ai la douleur de vous annoncer la mort de notre oncle, votre parrain, emporté subitement par une attaque d'apoplexie. Mon excellent parent n'ayant pas fait de testament, toute sa fortune est acquise à notre famille, d'un degré plus rapprochée du défunt que la vôtre. Si vous désirez assister aux funérailles de votre regretté parrain, etc.

La passion de la chasse venait de faire perdre une immense fortune à ce disciple de saint Hubert. Tout autre en eût été au désespoir. Le brave jeune homme ne pensa pas un instant à ce million perdu.

« Pauvre parrain ! murmura-t-il ; un si bon chasseur ! »

Et il glissa la fatale lettre dans son fusil en guise de bourre, puis s'achemina vers la forêt, en essuyant une larme, partie du cœur, qui perlait sur sa joue hâlée.

Le temps est une fortune, quelquefois une bonne fortune, surtout pour les chasseurs.

Si quelqu'un d'entre vous, mes chers confrères, entraîné par sa passion pour la chasse au coq de bruyère, a eu la patience de me suivre jusqu'au bout et m'accuse de lui avoir volé son temps, je le prie d'imiter ce philosophe déshérité, moins la larme, bien entendu, et de charger son fusil avec les pages de ce livre.

Le papier au moins ne sera pas perdu, s'il lui sert à peloter un coq de bruyère.

FIN

TABLE DES MATIÈRES

CHAPITRE III.

CHAPITRE IV.

CHAPITRE V.

CHAPITRE VI.

CHAPITRE VII.

CHAPITRE VIII.

CHAPITRE IX.

CHAPITRE X.

CHAPITRE XI.

CHAPITRE XII.

Liége. — Imp. de L. de Thier et F. Lovinfosse.

www.ingramcontent.com/pod-product-compliance
Ingram Content Group UK Ltd.
Pitfield, Milton Keynes, MK11 3LW, UK
UKHW022109260726
13993UKWH00001B/402

9 782329 463704